普通高等教育智能制造类专业"十三五"规划教材

工业机器人实操及应用

主　编　黄锦添　戴幸平
副主编　周志强　赵伟雄

武汉理工大学出版社
·武汉·

内 容 提 要

本书根据南大机器人系统,按照项目式教学方式进行教学内容安排与整合。项目以实际工程案例为主,分解为若干任务,由任务驱动,体现了理论与实践一体的教学原则。大部分项目最后辅以趣味性或综合性环节作为拓展练习,以提高学习者的学习兴趣和参与度,培养其发散思维。全书共分八个项目,分别为认识工业机器人、工业机器人基础操作、工业机器人编程准备、南大机器人初级编程、码垛机器人应用、焊接机器人应用、工业机器人跟踪应用、工业机器人视觉应用。通过项目式教学,读者可以系统学习南大机器人系统的操作、编程、智能应用、轨迹编程、多功能实训平台在线编程调试等,内容涵盖机器人工作站创建、通信板卡设置、I/O 设置、示教器操作、坐标系设置、工具安装、轨迹目标点示教、常用编程指令讲解等工业机器人编程操作过程的基本环节。

本书可作为工业机器人应用技术及自动化类专业的教材,也可供从事工业机器人开发、调试、维护的技术人员参考。

图书在版编目(CIP)数据

工业机器人实操及应用/黄锦添,戴幸平主编. —武汉:武汉理工大学出版社,2018.8
ISBN 978-7-5629-5873-4

Ⅰ.①工… Ⅱ.①黄… ②戴… Ⅲ.①工业机器人 Ⅳ.①TP242.2

中国版本图书馆 CIP 数据核字(2018)第 177422 号

项目负责人:杨万庆 王利永	责任编辑:王 思
责任校对:刘 凯	封面设计:博壹臻远

出版发行:武汉理工大学出版社
社　　址:武汉市洪山区珞狮路 122 号
邮　　编:430070
网　　址:http://www.wutp.com.cn
经　　销:各地新华书店
印　　刷:荆州市鸿盛印务有限公司
开　　本:787×1092 1/16
印　　张:16.75
字　　数:400 千字
版　　次:2018 年 8 月第 1 版
印　　次:2018 年 8 月第 1 次印刷
印　　数:1～4000 册
定　　价:45.00 元

凡购本书,如有缺页、倒页、脱页等印装质量问题,请向出版社发行部调换。
本社购书热线电话:027-87785758　87384729　87165708(传真)

·版权所有　盗版必究·

前言

面对即将来袭的以人工智能为特征的中国制造 2025 时代，操作的扁平化、产品的标准化、工艺的模块化等生产模式对高等教育人才培养模式提出了新挑战。高校要未雨绸缪，积极探索能力化教育理念、模块化培养体系、合作研学教学模式、移动化教学形式，彻底改变现行的按照工业 2.0 甚至是工业 1.8 思维方式构建的高职教育教学模式，以适应智能化时代人才的思维模式、能力类型和素质特征。

本书从教学方式入手，对教育目标和旧教学模式进行改革，针对业内备受欢迎的一款国产工业机器人——南大机器人及其系统，按照项目式教学方式进行教学内容安排与整合，体现了理论与实践一体的教育教学原则，具有以下几方面的特点：

（1）体系架构新颖，编写形式体现应用型教育特色。本书打破了以原理为主线的教材章节体例，建立以工作任务为主线的项目编写体系。项目以实际工程案例为主，分解为若干任务，大部分项目最后辅以趣味性或综合性环节作为拓展练习，以提高读者的学习兴趣和参与度，培养其发散思维和综合运用能力，体现了教师教学引导和学生自主学习的统一。

（2）采用来自生产一线的典型案例，融入应用能力培养的相关要求。本书采用来自生产一线的案例或工作任务，融入技能鉴定的相关内容和要求，体现了课程内容的职业适应性和职业导向性。

（3）体系架构灵活，便于教学安排。本书各项目相对独立，在教学中可根据相关专业教学要求及实际设备情况选择部分项目进行教学，可选择部分项目中的部分任务进行教学，体现了教学组织的科学性和灵活性的统一。

（4）项目按由易到难的方式编排，符合认知规律。本书各项目编排由易到难，注重实践练习和能力培养，符合学生的特点及认知规律。

（5）教学资源丰富。本书配套了丰富的仿真模型、应用案例、视频录像、源程序等教学资源。

本书由黄锦添、戴幸平任主编，周志强、赵伟雄任副主编。具体编写分工如下：广东南大机器人有限公司周志强编写项目1、项目7；广东南方职业学院戴幸平编写项目2、项目3；广东南方职业学院黄锦添编写项目4、项目5、项目6；广东南大机器人有限公司赵伟雄编写项目8。本书由黄锦添提出编写提纲并进行统稿。

书中难免有错漏之处，欢迎广大读者批评指正，并提出宝贵修改意见和建议。

编　者
2018 年 5 月

目 录 Contents

项目1 认识工业机器人 ……………………………………………………………… (1)
  1.1 工业机器人的组成和分类 …………………………………………………… (1)
    1.1.1 工业机器人的组成 ……………………………………………………… (1)
    1.1.2 工业机器人的分类 ……………………………………………………… (2)
  1.2 中国南大机器人 ……………………………………………………………… (6)
    1.2.1 广东南大机器人有限公司简介 ………………………………………… (6)
    1.2.2 南大机器人的选型 ……………………………………………………… (7)
  1.3 工业机器人安全注意事项 …………………………………………………… (8)
    1.3.1 危险 ……………………………………………………………………… (8)
    1.3.2 注意 ……………………………………………………………………… (8)
    1.3.3 强制 ……………………………………………………………………… (9)

项目2 工业机器人基础操作 …………………………………………………… (10)
  2.1 工业机器人系统介绍 ………………………………………………………… (10)
    2.1.1 南大机器人控制柜 ……………………………………………………… (10)
    2.1.2 南大机器人控制系统主控机 …………………………………………… (10)
    2.1.3 南大机器人专用端子板 ………………………………………………… (12)
    2.1.4 南大机器人I/O转接板 ………………………………………………… (12)
    2.1.5 南大机器人系统电气互联 ……………………………………………… (13)
  2.2 认识示教器——配置必要的操作环境 ……………………………………… (14)
    2.2.1 示教器外观及布局介绍 ………………………………………………… (14)
    2.2.2 示教器的画面介绍 ……………………………………………………… (16)
  2.3 机器人系统界面介绍 ………………………………………………………… (24)
  2.4 程序备份和恢复 ……………………………………………………………… (30)
    2.4.1 文件保存到U盘 ………………………………………………………… (31)
    2.4.2 从U盘导入 ……………………………………………………………… (32)
  2.5 示教模式 ……………………………………………………………………… (34)
    2.5.1 示教模式下能进行的操作 ……………………………………………… (34)
    2.5.2 简单手动运动 …………………………………………………………… (34)
    2.5.3 示教盒正确操作姿势 …………………………………………………… (35)
    2.5.4 简单手动 ………………………………………………………………… (35)

项目3 工业机器人编程准备 …………………………………………………… (37)
  3.1 零点标定 ……………………………………………………………………… (37)
    3.1.1 机器人零点设置 ………………………………………………………… (37)
    3.1.2 机器人标定 ……………………………………………………………… (37)

3.2 坐标系 …………………………………………………………………………………… (39)
　　3.2.1 关节坐标系 ……………………………………………………………………… (39)
　　3.2.2 直角坐标系 ……………………………………………………………………… (39)
　　3.2.3 用户坐标系 ……………………………………………………………………… (40)
　　3.2.4 工具坐标系 ……………………………………………………………………… (40)
3.3 坐标系设置 ………………………………………………………………………………… (41)
　　3.3.1 用户坐标系设置 ………………………………………………………………… (41)
　　3.3.2 工具坐标系设置 ………………………………………………………………… (45)
3.4 坐标系的切换与调用 ……………………………………………………………………… (48)
　　3.4.1 坐标系图标说明 ………………………………………………………………… (48)
　　3.4.2 坐标系切换 ……………………………………………………………………… (49)
　　3.4.3 坐标系调用 ……………………………………………………………………… (49)
3.5 系统变量 …………………………………………………………………………………… (53)
　　3.5.1 全局P变量 ……………………………………………………………………… (54)
　　3.5.2 局部P变量 ……………………………………………………………………… (55)
　　3.5.3 全局I变量 ……………………………………………………………………… (57)
　　3.5.4 局部I变量 ……………………………………………………………………… (58)
　　3.5.5 全局D变量 ……………………………………………………………………… (59)
　　3.5.6 局部D变量 ……………………………………………………………………… (59)
3.6 I/O信号 …………………………………………………………………………………… (60)
3.7 新建程序 …………………………………………………………………………………… (67)
　　3.7.1 程序列表编辑功能 ……………………………………………………………… (67)
　　3.7.2 程序编辑界面的编辑功能 ……………………………………………………… (70)
3.8 程序编辑 …………………………………………………………………………………… (77)
　　3.8.1 改变指令 ………………………………………………………………………… (77)
　　3.8.2 运动 ……………………………………………………………………………… (78)
　　3.8.3 逻辑 ……………………………………………………………………………… (78)
　　3.8.4 打开工艺 ………………………………………………………………………… (78)
　　3.8.5 上一条指令 ……………………………………………………………………… (79)
　　3.8.6 保存 ……………………………………………………………………………… (79)
　　3.8.7 关闭 ……………………………………………………………………………… (79)
课后练习 ……………………………………………………………………………………… (80)

项目4 南大机器人初级编程 ………………………………………………………………… (81)
4.1 编程指令介绍 ……………………………………………………………………………… (81)
4.2 运动指令 …………………………………………………………………………………… (85)
　　4.2.1 关节运动指令MOVJ ……………………………………………………………… (85)
　　4.2.2 直线运动指令MOVL ……………………………………………………………… (86)
　　4.2.3 圆弧运动指令MOVC ……………………………………………………………… (88)
　　4.2.4 整圆运动指令MOVCA ……………………………………………………………… (90)
4.3 逻辑指令 …………………………………………………………………………………… (91)

4.3.1 数字量输出 DOUT …………………………………………… (91)
4.3.2 模拟量输出 AOUT …………………………………………… (91)
4.3.3 条件等待 WAIT ……………………………………………… (91)
4.3.4 延时指令 TIME ……………………………………………… (92)
4.3.5 暂停 PAUSE …………………………………………………… (92)
4.3.6 条件跳转 JUMP ……………………………………………… (93)
4.3.7 子程序调用 CALL …………………………………………… (94)
4.3.8 注释 ……………………………………………………………… (95)
4.3.9 跳转标号 ……………………………………………………… (95)
4.3.10 子程序返回 …………………………………………………… (95)
4.4 运算指令 ……………………………………………………………… (95)
4.4.1 加法运算 ADD ………………………………………………… (95)
4.4.2 减法运算 SUB ………………………………………………… (96)
4.4.3 乘法运算 MUL ………………………………………………… (96)
4.4.4 除法运算 DIV ………………………………………………… (97)
4.4.5 加一运算 INC ………………………………………………… (97)
4.4.6 减一运算 DEC ………………………………………………… (98)
4.4.7 赋值 SET ……………………………………………………… (98)
4.4.8 取余数 MOD …………………………………………………… (99)
4.5 辅助指令 ……………………………………………………………… (99)
4.5.1 速度改变指令 SPEED ………………………………………… (99)
4.5.2 条件判断 IF …………………………………………………… (100)
4.5.3 循环指令 WHILE ……………………………………………… (101)
4.5.4 条件选择 SWITCH …………………………………………… (103)
4.5.5 切换工具坐标 CHANGETOOL ……………………………… (105)
4.5.6 改变用户坐标 CHANGEUSE ………………………………… (105)
4.6 示教编程 ……………………………………………………………… (105)
4.6.1 手动控制机器人准备工作 ……………………………………… (106)
4.6.2 新建文件 ………………………………………………………… (108)
4.6.3 编辑程序 ………………………………………………………… (111)
4.6.4 焊接示教编程 …………………………………………………… (113)
4.6.5 搬运示教编程 …………………………………………………… (115)
4.7 示教试运行 …………………………………………………………… (118)
4.7.1 相关参数 ………………………………………………………… (118)
4.7.2 其他准备 ………………………………………………………… (119)
4.7.3 程序试运行步骤 ………………………………………………… (119)
4.8 再现模式 ……………………………………………………………… (120)
4.8.1 准备工作 ………………………………………………………… (120)
4.8.2 打开程序 ………………………………………………………… (120)
4.8.3 启动 ……………………………………………………………… (121)

4.8.4 暂定(终止) ……………………………………………………………… (121)
4.8.5 调速、运行模式及工作模式切换 ……………………………………… (122)
4.8.6 停止后再启动 …………………………………………………………… (123)
4.8.7 紧急停止 ………………………………………………………………… (125)
4.9 远程模式 ……………………………………………………………………… (125)
4.9.1 远程(REMOTE)运行方式 ……………………………………………… (125)
4.9.2 准备工作 ………………………………………………………………… (126)
4.9.3 程序调用 ………………………………………………………………… (126)
4.9.4 远程运行 ………………………………………………………………… (128)
课后练习 ……………………………………………………………………………… (129)

项目5 码垛机器人应用 …………………………………………………………… (130)

5.1 码垛功能准备 ………………………………………………………………… (130)
5.1.1 码垛基本概念 …………………………………………………………… (130)
5.1.2 变量说明 ………………………………………………………………… (130)
5.2 码垛工艺设置步骤 …………………………………………………………… (131)
5.2.1 准备工作 ………………………………………………………………… (131)
5.2.2 码垛工艺设置 …………………………………………………………… (135)
5.3 码垛举例 ……………………………………………………………………… (146)
5.3.1 单线单垛 ………………………………………………………………… (146)
5.3.2 单线双垛 ………………………………………………………………… (147)
5.3.3 双线双垛 ………………………………………………………………… (149)
5.3.4 单双层单线单垛 ………………………………………………………… (151)
5.3.5 单双层单线双垛 ………………………………………………………… (154)
5.3.6 单双层双线双垛 ………………………………………………………… (164)

项目6 焊接机器人应用 …………………………………………………………… (183)

6.1 与焊接电源的匹配 …………………………………………………………… (183)
6.2 焊接指令 ……………………………………………………………………… (185)
6.3 焊机参数设置 ………………………………………………………………… (187)
6.3.1 基本参数 ………………………………………………………………… (188)
6.3.2 功能选项 ………………………………………………………………… (188)
6.3.3 焊接电流匹配设置 ……………………………………………………… (189)
6.3.4 焊接电压匹配设置 ……………………………………………………… (190)
6.4 焊接工艺设置 ………………………………………………………………… (191)
6.4.1 设置焊接的基本参数 …………………………………………………… (191)
6.4.2 设置焊接摆弧参数 ……………………………………………………… (193)
6.5 焊接编程举例 ………………………………………………………………… (195)
6.5.1 程序举例 ………………………………………………………………… (195)
6.5.2 程序示教步骤 …………………………………………………………… (195)
6.5.3 程序试运行验证 ………………………………………………………… (205)
6.5.4 程序再现 ………………………………………………………………… (206)

项目7 工业机器人跟踪应用 ...... (210)

7.1 准备工作 ...... (210)
7.1.1 设备要求 ...... (210)
7.1.2 硬件连接 ...... (210)
7.1.3 硬件连接说明 ...... (210)
7.1.4 Counter 接口引脚定义 ...... (211)

7.2 跟踪工艺设置 ...... (212)
7.2.1 跟踪标定前准备工作 ...... (212)
7.2.2 设置跟踪参数 ...... (213)
7.2.3 参数项详解 ...... (214)

7.3 标定过程 ...... (216)

7.4 编程运行 ...... (218)
7.4.1 跟踪指令 ...... (218)
7.4.2 跟踪相关变量 ...... (219)
7.4.3 跟踪程序举例 ...... (220)

7.5 跟踪标定和编程时注意事项 ...... (221)

项目8 工业机器人视觉应用 ...... (223)

8.1 基本情况说明 ...... (223)
8.1.1 基本概念 ...... (223)
8.1.2 视觉系统工作思路 ...... (223)
8.1.3 视觉参数详细说明 ...... (223)

8.2 视觉标定 ...... (231)
8.2.1 准备工作 ...... (231)
8.2.2 相机调试 ...... (231)
8.2.3 机器人系统视觉参数设置 ...... (232)
8.2.4 视觉系统通信设置 ...... (235)
8.2.5 机器人系统通信设置 ...... (238)

8.3 相机标定 ...... (240)

8.4 建立相机与机器人之间的坐标关系 ...... (241)
8.4.1 校准视觉坐标系 ...... (241)
8.4.2 像素比设置 ...... (242)
8.4.3 重置视觉坐标系零点 ...... (242)
8.4.4 建立用户坐标系 ...... (244)
8.4.5 检验视觉引导精度 ...... (249)

8.5 实物标定 ...... (251)

8.6 程序编辑 ...... (252)
8.6.1 指令说明 ...... (252)
8.6.2 变量说明 ...... (252)
8.6.3 程序举例 ...... (253)

参考文献 ...... (257)

项目1 认识工业机器人

1.1 工业机器人的组成和分类

在日常生活中,一提到机器人,人们往往首先联想到的是人形的机械装置,但实际并非如此。机器人的外表并不一定像人,有的根本不像人。人们制造机器人是为了让机器人代替人的工作,因此希望机器人具有人的劳动能力,即希望它有像人一样灵巧的双手、能行走的双脚,具有人类的感觉功能,具有理解人类语言、用语言表达的能力,具有思考、学习和决策的能力。

1.1.1 工业机器人的组成

工业机器人,一般由两大部分组成:一部分是机器人执行机构,一般称作机器人操作机(Robot Manipulator),它负责机器人的操作和作业;另一部分是机器人控制系统,它主要负责信息的获取、处理、作业编程、规划、控制以及整个机器人系统的管理等。机器人控制系统是机器人中最核心的部分,机器人性能的优劣主要取决于控制系统的品质。机器人控制系统集中体现了各种现代高新技术和相关学科的最新进展。当然,要想机器人进行作业,除去机器人以外,还需要相应的作业机构及配套的周边设备,这些与机器人一起形成了一个完整的工业机器人作业系统。工业机器人的系统结构如图1-1所示。

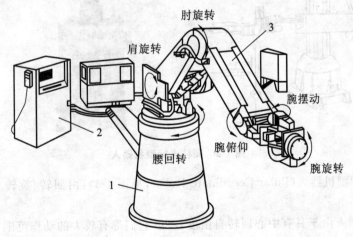

图1-1 工业机器人的系统结构
1,3—执行机构;2—控制系统

(1) 机器人操作机

操作机具有与人手臂相似的功能,是可在空间抓放物体或进行其他操作的机械装置,包括机座、手臂、手腕和末端执行器。迄今为止,典型的工业机器人仅实现了人类胳膊和手的某些功能,所以机器人操作机也称作机器人手臂或机械手。机器人机构可以视为一种杆件机构,它的基本结构是将机构学中的杆件和运动副相互连接而构成的开式运动链。

在机器人中,连杆可称为手臂,运动副称作关节,关节分为平移关节和转动关节。机器人的末端称为手腕,它一般由几个转动关节组成。机器人的手臂决定机器人达到的位置,而手腕则决定机器人的姿态。

(2) 机器人控制系统

控制系统是机器人的关键和核心部分,它类似于人的大脑,控制着机器人的臂部动作。机器人功能的强弱以及性能的优劣,主要取决于控制系统。

控制系统用来控制工业机器人按规定要求动作,可分为开环控制系统和闭环控制系统。多数工业机器人采用计算机控制,一般分为决策级、策略级和执行级:决策级的功能是识别环境,建立模型,将作业任务分解为基本动作序列;策略级的功能是将基本动作变为关节坐标协调变化的规律,并将各关节伺服系统的执行指令分配给各关节的伺服系统;执行级给出各关节伺服系统执行给定的指令。

1.1.2　工业机器人的分类

工业机器人的分类方法很多,可以按其坐标形式、控制方式和功能等进行分类。

1.1.2.1　按坐标形式分类

(1) 圆柱坐标型机器人(Cylindrical Coordinate Robot,见图 1-2):由一个回转和两个平移的自由度组合构成。

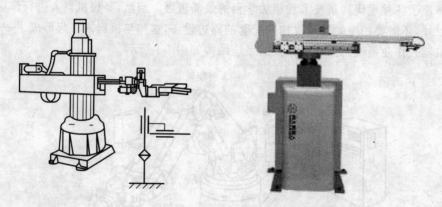

图 1-2　圆柱坐标型机器人

(2) 球坐标型机器人(Polar Coordinate Robot,见图 1-3):由回转、旋转、平移的自由度组合构成。

这两种机器人由于具有中心回转自由度,所以它们都有较大的动作范围,其坐标计算也比较简单。世界上最初实用化的工业机器人"Versatran"和"Unimate",分别采用圆柱坐标型和球坐标型。

(3) 直角坐标型机器人(Cartesian Coordinate Robot,见图 1-4):由独立沿 X、Y、Z 轴的自由度构成。其结构简单,精度高,坐标计算和控制也都极为简单。

(4) 关节型机器人(Articulated Robot,见图 1-5):主要由回转和旋转自由度构成。它可以看成是仿人手臂的结构,具有肘关节的连杆关节结构,如图 1-5 所示。从肘至手臂根部

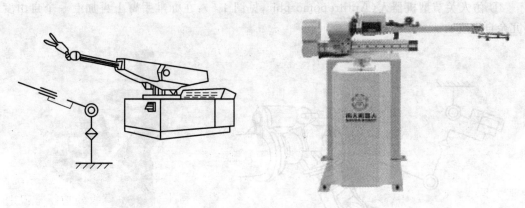

图 1-3 球坐标型机器人

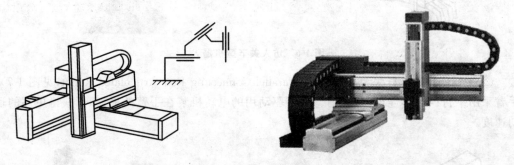

图 1-4 直角坐标型机器人

的部分称为上臂,从肘到手腕的部分称为前臂。这种结构对于确定三维空间上的任意位置和姿态是最有效的,对于各种各样的作业都有良好的适应性,但其坐标计算和控制比较复杂,且难以达到高精度。

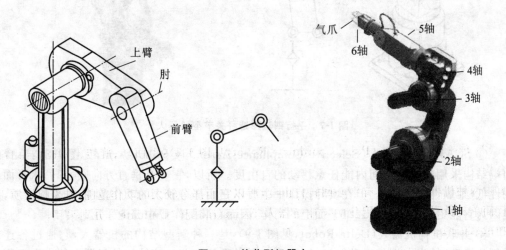

图 1-5 关节型机器人

一般关节型机器人手臂采用回转、旋转的自由度结构,如图 1-5 所示。关节型机器人根据其自由度的构成方法,可再进一步分成以下几类:

① 仿人关节型机器人（Anthropomorphic，见图 1-6）：在标准手臂上再加上一个自由度（冗余自由度）。

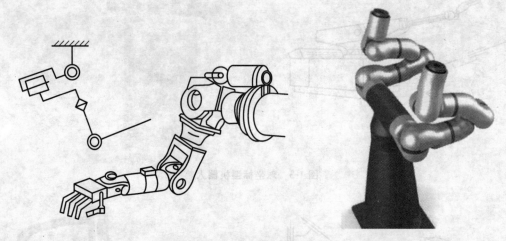

图 1-6　仿人关节型机器人

② 平行四边形连杆关节型机器人（Parallel Connecting Rod Articulated Robot，见图 1-7）：手臂采用平行四边形连杆，并把前臂关节驱动用的电动机装在手臂的根部，可获得更高的运动速度。

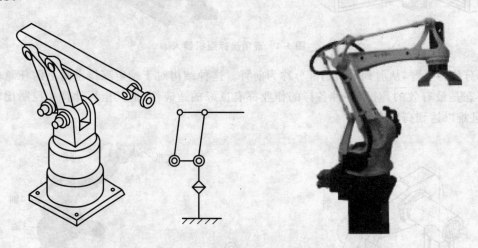

图 1-7　平行四边形连杆关节型机器人

③ SCARA 型机器人（Selective Compliance Assembly Robot Arm，见图 1-8）：手臂的前端结构采用在二维空间内能任意移动的自由度。所以，它具有垂直方向刚性高、水平面内刚性低（柔顺性）的特征。但在实际操作中主要不是由于它所具有的这种特殊柔顺性质，而是因为它能更简单地实现二维平面上的动作，因而在装配作业中普遍采用。

④ 并联机构机器人（Delta Robot，见图 1-9）：是一种新型结构的机器人，它通过各连杆的复合运动，给出末端的运动轨迹，以完成不同类型的作业。该结构的机器人特点在于刚性好，可用来完成数控机床的一些功能，因此也称为并联机床。目前已有这方面的样机，它可完成复杂曲面的加工，既是数控机床的一种新的结构形式，也是机器人功能的一种拓展。其不足是控制复杂，工作范围比较小，精度也比数控机床低一些。

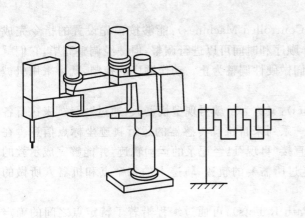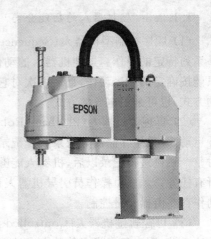

图 1-8　SCARA 型机器人

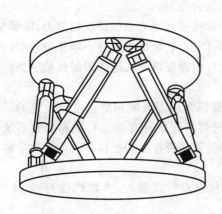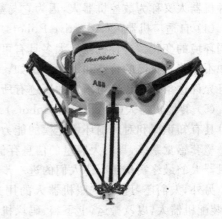

图 1-9　并联机构机器人

1.1.2.2　按机器人的控制方式分类

(1) 点位控制机器人(Point to Paint Control Robots)：只能从一个特定点移动到另一个特定点，移动路径不限的机器人。这些特定点通常是一些机械定位点。这种机器人是一种最简单、最便宜的机器人。

(2) 连续轨迹控制机器人(Continuous Path Control Robots)：能够在运动轨迹的任意特定数量的点处停留，但不能在这些特定点之间沿某一确定的直线或曲线运动。机器人要经过的任何一点都必须储存在机器人的存储器中。

(3) 可控轨迹机器人(Controlled-path Robots)：又称为计算轨迹机器人(Computed Trajectory Robots)，其控制系统能够根据要求精确地计算出直线、圆弧、内插曲线和其他轨迹。在轨迹中的任何一点，机器人都可以达到较高的运动精度。其中有些机器人还能够用几何或代数的术语指定轨迹。只需输入所要求的起点坐标、终点坐标以及轨迹的名称，机器人就可以按指定的轨迹运行。

(4) 伺服型与非伺服型机器人(Servo Versus Non-servo Robots)：伺服型机器人可以通过某些方式感知自己的运动位置，并把所感知的位置信息反馈回来控制机器人的运动；非伺服型机器人则无法确定自己是否已经到达指定的位置。

1.1.2.3 按机器人的功能分类

（1）顺序控制型机器人（Sequence-Controlled Machines）：能够按预先设置的指令完成一系列特定的动作。这种机器人的动作顺序和时间可以进行调整，但一经调整完毕，它们就只能按确定的顺序动作，直至再次对它们做硬性调整为止。动作顺序的控制，既可采用机械的方式，也可采用电气的方式。

（2）再现型机器人（Playback Robots）：又称为示教再现型机器人，通过"示教"来执行各种运动，并采用存储器等记录装置记录一系列来自位置传感器的运行轨迹坐标点信息。在对整个轨迹进行记录以后，机器人能够直接"再现"已经记录的运动轨迹，并能够完成示教的所有任务。示教由操作员引导机器人走过所需要的轨迹，轨迹上的每个点和机器人所做的动作都要由操作员控制。

（3）可控轨迹机器人（Controlled-Path Robots）：可通过编程沿若干特定点之间的确定轨迹运动，用户只需指定某些点和计算轨迹必须使用的点集名称，如内插曲线、光滑曲线等。这种机器人又称为数控机器人，因为它与数控机床较为类似。

（4）自适应机器人（Adaptive Robots）：具有计算机控制能力和感应反馈能力，能够反映周围环境的变化。这种机器人大多具有可控轨迹的能力，它会试着执行一项任务，在执行过程中不断修正自己的轨迹和动作。例如，一台自适应型焊接机器人能够跟踪焊接一条焊缝，并且允许这条焊缝轨迹与预定的轨迹有所不同。

（5）智能机器人（Intelligent Robots）：不仅能够感知周围环境和修正已经设定的动作，而且具有知识库和对周围环境建模的能力。这种机器人应该具有人工智能和专家系统，具有一整套感觉系统，具有大容量的信息存储器。目前就是否存在智能机器人尚存在争论，智能机器人的最终实现还有待人们的进一步研究。

另外，人们还习惯于按照机器人的用途命名，包括点焊机器人、弧焊机器人、喷漆机器人、装配机器人，以及搬运、上下料、码垛机器人等。

1.2 中国南大机器人

1.2.1 广东南大机器人有限公司简介

广东南大机器人有限公司是一家集工业机器人研发、锂电池设备生产、非标自动化设计生产、教育机器人研发、工业自动化软件开发应用及产品销售为一体的高科技企业，也是与广东南方职业学院有深度合作的产学研一体化企业。

工业机器人是中国智能制造发展战略规划的重要组成部分，南大机器人以推动中国工业机器人民族产业发展为目标，充分发挥公司已有智能控制系统和交流伺服系统产品的技术，拓展下游产业发展空间，开发自主核心控制技术和高性价比的系列化工业机器人产品及成套设备，致力于工业机器人产业规模化和国产化，争取通过数年的努力，建立一个具有国际知名度的工业机器人品牌和业界著名公司。

南大机器人公司现拥有一支高水平的专业研发团队，公司有多名研究生和博士后，具有与世界工业机器人技术同步发展的技术优势；公司已经拥有全系列工业机器人产品，包括六轴通用机器人、四轴码垛机器人、SCARA机器人、DELTA机器人、伺服机械手、智能成套设备系列。应用领域包括焊接、机械加工、搬运、装配、分拣、喷涂等领域的智能化生产。同时，公司拥有一支强大的工业机器人工程应用设计团队,致力于客户价值最大化,为客户提供工业机器人应用完整解决方案。

南大机器人有限公司的发展目标是:成为具有国际影响力的中国工业机器人公司!

1.2.2 南大机器人的选型

机器人的种类很多,像学习型机器人、家庭服务型机器人、深水工作机器人等。本书所介绍的机器人叫作工业机器人,它像人的手臂,根据人们预先编好的程序工作,工业机器人本身不具备判断能力,技术用语叫作开环系统。

工业机器人是由机器人本体(即执行机构)和电气控制系统这两部分组成。其中南大机器人各个产品的机械本体如图1-10所示。

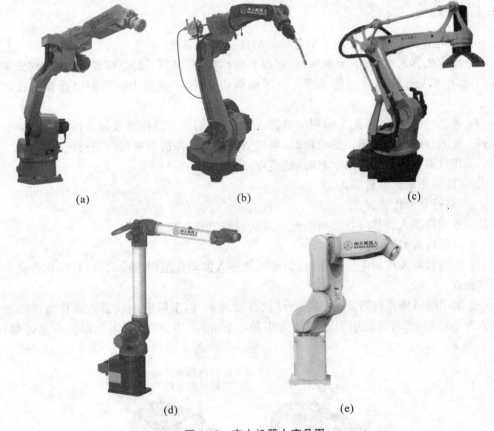

图 1-10 南大机器人产品图

图中的几款机器人分别为:

图1-10(a)所示为ND-608六轴机器人,臂长1.4 m,负载8 kg,用于喷涂、上下料、搬运等领域。

图1-10(b)所示为ND-H606焊接机器人,臂长1.4 m,同轴电缆内藏,结构优化,支持各种焊接模式。

图1-10(c)所示为ND-410四轴机器人,臂长1.38 m,负载10 kg,适用于搬运、码垛、冲压等领域。

图 1-10(d)所示为 ND-R606 六轴机器人,臂长 1.22 m,负载 6 kg,适用空间狭小、节拍要求高的工作。

图 1-10(e)所示为 ND-603 小六轴机器人,臂长 0.7 m,负载 3 kg,适用于 3C 行业的应用、教育平台。

1.3 工业机器人安全注意事项

使用南大机器人前,请务必熟读并全部掌握该机器人对应的说明书和其他附属资料,在熟知全部设备知识、安全知识及注意事项后再开始使用。本书中的安全注意事项分为"危险""注意""强制"三类分别记载。

1.3.1 危险

误操作时容易有危险,可能发生意外。应注意以下事项:

(1) 操作机器人前,按下示教编程器(以下简称"示教器")上的急停键,并确认伺服主电源被切断,电机处于失电并抱闸状态。伺服电源切断后,示教器上的伺服电源指示按钮为红色。

(2) 紧急情况下,若不能及时制动机器人,则可能引发人身伤害或设备损坏事故。

(3) 解除急停后再接通伺服电源时,要先解除造成急停的事故后再接通伺服电源。

(4) 在机器人动作范围内示教时,请遵守以下原则:

① 保持从正面观看机器人。

② 严格遵守操作步骤。

(5) 考虑机器人突然向自己所处方位运动时的应变方案。

(6) 确保设置躲避场所,以防万一。

(7) 接通机器人控制电柜电源时,请确认机器人的动作范围内没人,并且操作者处于安全位置操作。

(8) 用示教器操作机器人时、试运行时、自动再现时,不慎进入机器人动作范围内或与机器人发生接触,都有可能引发人身伤害事故。另外,发生异常时,请立即按下急停键,如图 1-11 所示。

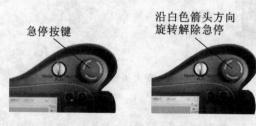

图 1-11 急停键

1.3.2 注意

操作机器人必须确认:

(1) 操作人员是否接受过机器人操作的相关培训。

(2) 对机器人的运动特性有足够的认识。

(3) 对机器人的危险性有足够的了解。
(4) 没有酒后上岗。
(5) 没有服用影响神经系统、反应迟钝的药物。
(6) 进行机器人示教作业前要检查以下事项,有异常则应及时修理或采取其他必要措施:
① 机器人动作有无异常,原点是否校准正确;
② 与机器人相关联的外部辅助设备是否正常。
(7) 示教器用完后须放回原处,并确保放置牢固。如不慎将示教器放在机器人、夹具或地上,当机器人运动时,示教器可能与机器人或夹具发生碰撞,从而引发人身伤害或设备损坏事故。
(8) 防止示教器意外跌落造成机器人误动作,从而引发人身伤害或设备损坏事故。

1.3.3 强制

安全操作规程:
(1) 所有机器人系统的操作者,都应该参加本系统的培训,学习安全防护措施和使用机器人的功能。
(2) 在开始运行机器人前,确认机器人和外围设备周围没有异常或者危险状况。
(3) 在进入操作区域内工作前,即便机器人没有运行,也要关掉电源,或者按下紧急停机按钮。
(4) 当在机器人工作区编程时,设置相应看守,保证机器人能在紧急情况迅速停车。示教和点动机器人时不要戴手套操作,点动机器人时要尽量采用低速操作,遇异常情况时可有效控制机器人停止。
(5) 必须知道机器人控制器和外围控制设备上的紧急停止按钮的位置,以便在紧急情况下能准确地按下这些按钮。
(6) 永远不要认为机器人处于停止状态时其程序就已经完成。因为此时机器人很有可能是在等待让它继续运动的输入信号。

项目 2　工业机器人基础操作

2.1　工业机器人系统介绍

2.1.1　南大机器人控制柜

工业机器人是一种模拟人手臂、手腕和手功能的机电一体化装置,可以对物体运动的位置、速度、加速度进行精确控制,从而完成某一工业生产的作业要求。其中,机器人系统由机械本体、控制柜、示教器组成。图 2-1 所示为南大机器人控制柜的外观和内部。

图 2-1　南大机器人控制柜的外观和内部

2.1.2　南大机器人控制系统主控机

南大机器人控制系统主控机见图 2-2~图 2-4。

图 2-2　六轴机器人控制系统主控机

项目2 工业机器人基础操作

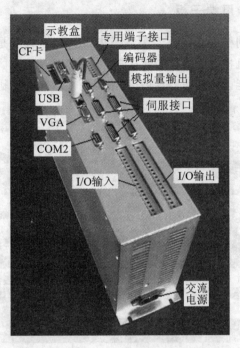

图 2-3 四轴机器人控制系统主控机

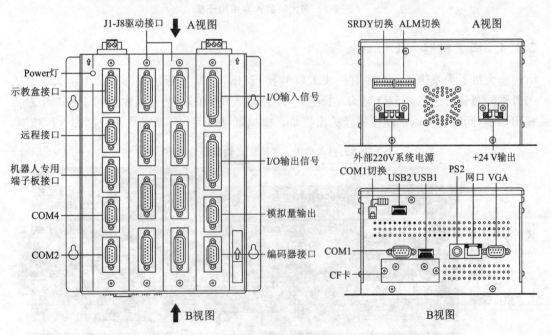

图 2-4 六轴机器人控制系统主控机的接口

2.1.3　南大机器人专用端子板

南大机器人系统控制柜中有一块专用端子板(图 2-5),该板是用于南大机器人系统主控机和南大机器人执行机构之间的控制转接板,主要作用是将南大机器人系统主控机输出的信号处理成执行机构能读懂的信号,再发送给各个轴的伺服控制器中。

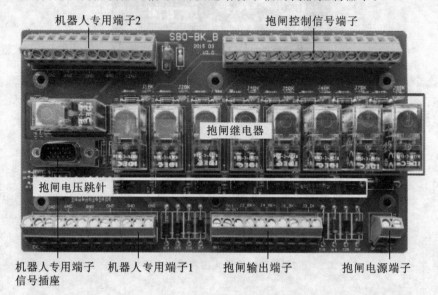

图 2-5　南大机器人专用端子板

2.1.4　南大机器人 I/O 转接板

南大机器人系统控制柜中有一块 I/O 转接板(图 2-6),该板主要任务是为南大机器人与外围配套设备进行硬 I/O 通信。板上有 24 位输入口,有 16 个光耦输出端子和 8 个触点输出端子,同时还可以选配模拟量输出接口。模拟量可以用作焊机的电流控制和电压控制。

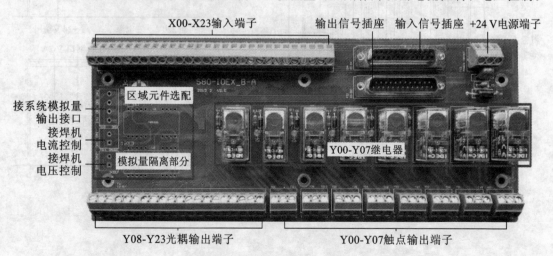

图 2-6　南大机器人 I/O 转接板

2.1.5 南大机器人系统电气互联

南大机器人系统电气互联见图 2-7。

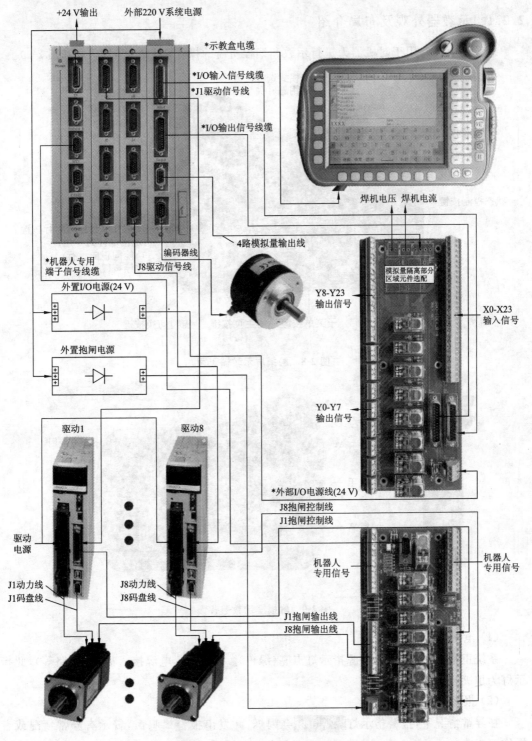

图 2-7 南大机器人系统电气互联

2.2 认识示教器——配置必要的操作环境

2.2.1 示教器外观及布局介绍

示教器上设有用于对机器人进行示教和编程所需的操作键和按钮(图 2-8 和图 2-9)。

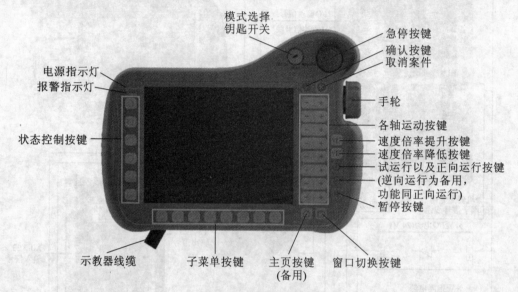

图 2-8 触摸屏示教器正面

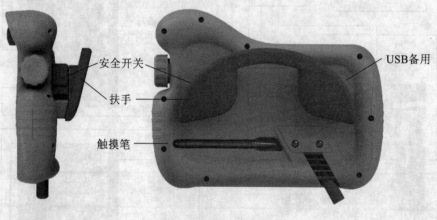

图 2-9 触摸屏示教器背面

(1) 电源指示灯

系统正常接入电源后,电源指示灯点亮(绿色) ●Power。电源接入故障(短路等),此指示灯为熄灭状态。

(2) 报警指示灯

在异常情况下,报警指示灯 ●Alarm 会闪烁,并发出报警蜂鸣声,警示有异常情况或者操作不正确。

(3) 模式选择开关

模式选择开关用于选择机器人的工作模式。在本系统中共有三种模式：示教(TEACH)、再现(PLAY)、远程(REMOTE)，如图 2-10 所示。

(a)

(b)

(c)

图 2-10　模式选择开关

示教模式：如图 2-10(a)所示，用于系统调试、手动运行机器人、编辑程序等。
再现模式：如图 2-10(b)所示，用于自动运行编辑完成的程序。
远程模式：如图 2-10(c)所示，用于通过外部 I/O 控制机器人，读取绝对位置、打开远程设置的程序并自动运行。

(4) 急停按键

如图 2-11(a)所示，急停按键用于机器人出现异常动作及发生紧急情况时停止机器人。

(5) 安全开关

如图 2-11(b)所示，在示教状态(TEACH)下，当安全开关处于中间挡位时机器人将通上电；若用力按住或松开安全开关，则断开机器人电源，电机处于抱闸状态。

说明：安全开关一共有 3 挡，最外面挡位(不按住安全开关)和最里面挡位为切断机器人电源，中间挡位为接通机器人电源。

注意：安全开关处于中间挡位时机器人将通上电，随时都会有运动的可能，此时不能有人员处在机器运动范围之内，以免发生事故。

(6) 电子手轮

如图 2-11(c)所示，电子手轮用作电子滚轮控制光标，在菜单列表、参数界面、变量表等界面有效。

(a)

安全开关
(b)

(c)

图 2-11　急停按键、安全开关、电子手轮

(7) 坐标键

示教状态用于手动控制机器人各关节；再现状态用于调节运行速度和运动模式；或在非轴移动界面时，切换对应功能。

(8) 确认与取消按键

■确认按键,主要用于确认操作。■取消按键,主要用于取消操作。

(9) 速度倍率按键

■速度倍率提升按键,在示教模式、再现模式、远程模式下提升机器人运行速度;■速度倍率降低按键,在示教模式、再现模式、远程模式下降低机器人运行速度。

(10) 运行按键与暂停按键

■正向运行按键,示教模式试运行程序;再现模式自动运行程序。■逆向运行按键,示教模式试运行程序;再现模式自动运行程序。■暂停按键,再现模式下自动运行时暂停程序。

注意:当按下运行键时,机器人将会产生动作。请务必在按此键之前确认机器人状态正常,周边设备处于正常状态,机器人运动范围之内没有人员及障碍物,否则有发生事故的危险。

当按停止键停止机器人时,仅仅是停止程序动作,机器人仍然处于通电状态,机器人随时有可能动作。此时不能有操作人员处于机器人运动范围之内,否则有发生事故的危险。

注意:由于系统升降速、伺服驱动参数、机械结构韧性等,从按下停止键到机器人完全停止会存在时间差。

(11) 主页键与窗口切换按键

主页键,用于返回主页;窗口切换键,用于在通用显示区,监视区,信息提示区之间切换焦点。

(12) 子菜单按键

如图 2-12 所示,不同按键所对应的功能不同。

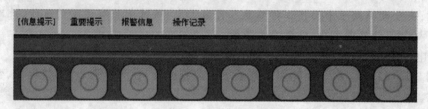

图 2-12 子菜单按键

(13) 状态控制按键

状态控制按键用于机器人操作方式切换、坐标系选择、M160-M169 辅助继电器快捷键、伺服上下电切换。

注意:M160-M169 的功能,表示在示教状态下,点击此快捷辅助继电器图标或者旁边的按键,然后点击对应的辅助继电器,系统会自动将内部辅助继电器 M160 置为有效;若再点击,系统会自动将内部辅助继电器 M160 置为无效;相当于一个快捷键给内部辅助继电器置位与复位,配合 PLC 可以用内部辅助继电器来对接口(输出口 Y)进行控制,以实现外部的动作(如控制夹具等)。

2.2.2 示教器的画面介绍

(1) 主界面区域

示教器的显示屏是 8 英寸的彩色显示屏,能够显示数字、字母和符号。

显示界面主要以三个大显示区(通用显示区、监视区、信息提示区)为主,另外四周分布主菜单区、状态控制区、坐标区、状态显示区和子菜单区。

三大显示区可以通过触摸对应的窗口或者点击 ▣ 按键切换。当某一显示区被切换选中时,该区域背景会改变或者出现光标条。当显示区切换时,主菜单和子菜单将对应发生变化。三大显示区中监视区可以关闭,当监视区显示时,通用显示区将自动缩为半幅显示;监视区关闭后,通用显示区自动放大为整幅显示。

状态控制区、主菜单区、坐标区、子菜单区可以通过对应按键进行操作。

主界面区域具体分布如图 2-13 所示(监视区为选中状态)。

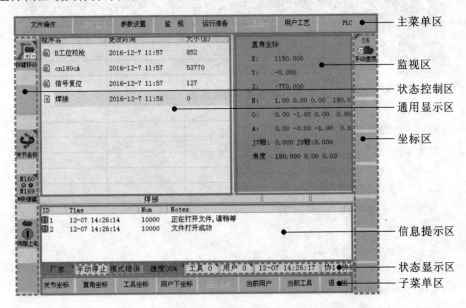

图 2-13　主界面区域

(2) 通用显示区

通用显示区,主要用于程序列表、程序编辑、参数修改、坐标设定、工艺等内容设定。通用显示区在监视窗口打开时将自动压缩为半幅,监视窗口关闭时自动展开为全幅。如图 2-14～图 2-18 所示。

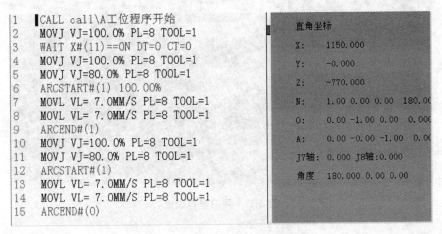

图 2-14　程序编辑和直角坐标监视

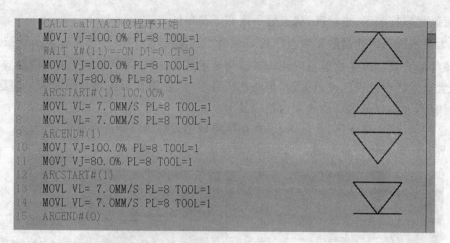

图 2-15 程序列表

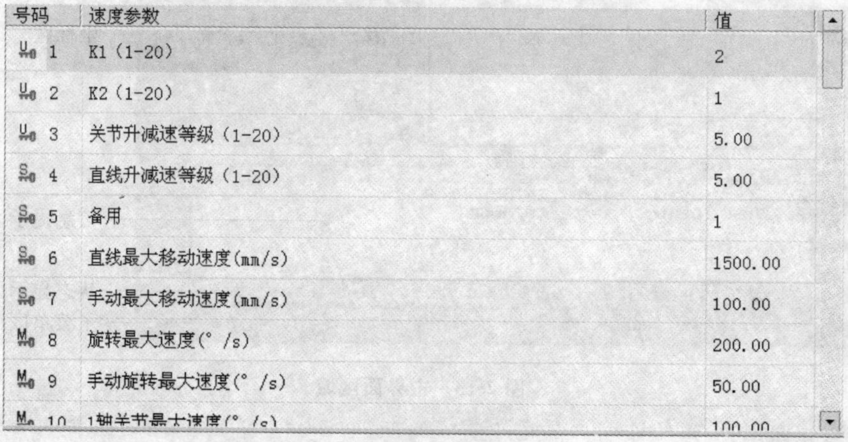

号码	速度参数	值
U 1	K1（1-20）	2
U 2	K2（1-20）	1
U 3	关节升减速等级（1-20）	5.00
S 4	直线升减速等级（1-20）	5.00
S 5	备用	1
S 6	直线最大移动速度(mm/s)	1500.00
S 7	手动最大移动速度(mm/s)	100.00
M 8	旋转最大速度(°/s)	200.00
M 9	手动旋转最大速度(°/s)	50.00
M 10	1轴关节最大速度(°/s)	100.00

图 2-16 速度参数图

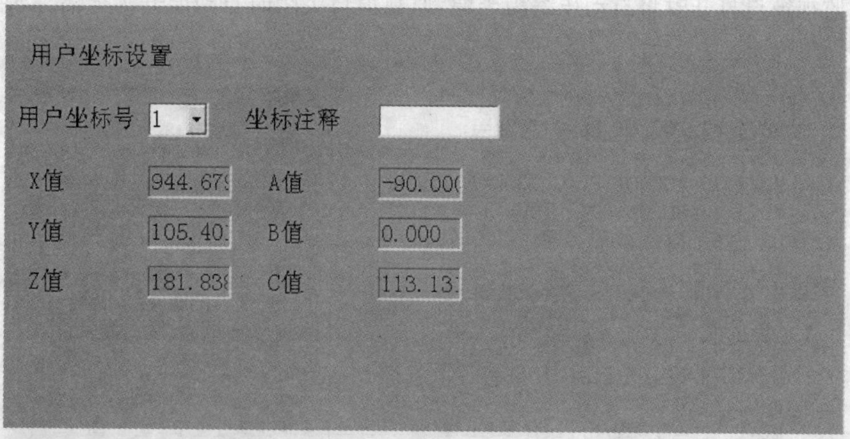

用户坐标设置

用户坐标号 1   坐标注释

X值 944.679   A值 -90.000
Y值 105.40   B值 0.000
Z值 181.838   C值 113.13

图 2-17 用户坐标设定

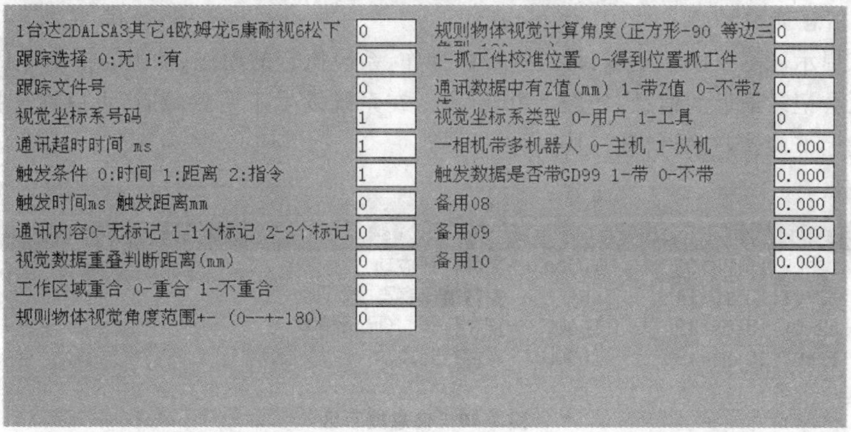

图 2-18 视觉工艺

(3) 监视区

监视区主要用于显示：坐标数据、时间数据、电机数据、I/O 口数据、PLC 内部继电器、定时器、计数器数据状态、总线信息、硬件信息、软件信息、预约状态、编程变量状态数据等信息。

监视区可以关闭，打开时显示在通用显示区右侧。当监视区显示通用输出口和 PLC 辅助继电器 M96-M799 时，状态控制区将显示状态切换图标，使用该图标可以切换当前光标所在 Y×× 或 M×× 状态。

监视区监视界面见图 2-19。

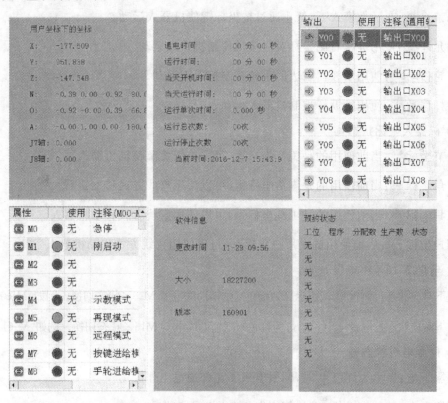

图 2-19 监视区监视界面

(4) 信息提示区

信息提示区主要用于显示:最近进行的操作、系统执行的动作、发生的报警等日志信息。该提示区会记录最近的信息,如图2-20所示。在系统发生不明故障时,可以在该提示区内使用手轮上下旋转,查看信息,追溯原因。

ID	Time	Num	Notes
5	12-07 15:03:33	10000	正在打开文件,请稍等
6	12-07 15:03:33	10000	文件打开成功
7	12-07 15:10:14	489	参数被保存再D盘下
8	12-07 15:56:48	10000	正在打开文件,请稍等
9	12-07 15:56:48	10000	文件打开成功

图 2-20 信息提示区

(5) 主菜单区

主菜单区包括:文件操作、程序编辑、参数设置、监视、运行准备、编程指令、用户工艺、PLC共八个主菜单。

(6) 状态控制区

本区域主要用于切换和显示:手动控制,坐标系,输出口置位复位,辅助继电器置位复位等。

下面列出常用图标,根据工艺的不同,图标也有可能不同。

① 手动控制状态:

轴禁止：在示教模式下,禁止通过按坐标键使机器人运动。

轴允许：使用屏幕右侧坐标对应按键控制机器人运动。

手轮移动：使用示教器右边的手轮控制机器人运动。

摇杆移动：使用操纵杆控制机器人运动。

② 机器人坐标状态:

关节坐标：当前使用的是关节坐标系,可以单个关节移动机器人。

直角坐标：当前使用的是直角坐标系,可以使用直线方式移动机器人。

工具坐标：当前使用的是工具坐标系,可以使用直线方式移动机器人。

用户坐标：当前使用的是用户坐标系,可以使用直线方式移动机器人。

③ 辅助 M16×继电器开关:

按下对应状态控制键 (指示灯为绿色),则辅助继电器 M16× 状态切换。例如:M160 打开。

按下对应状态控制键 (指示灯为红色),则辅助继电器 M16× 状态切换。例如:M161 关闭。

④ 伺服电机状态键:

伺服下电:显示为红色 时,伺服电机不允许通电工作。

伺服上电:显示为绿色 时,伺服电机允许通电工作。

注意：对于绝对伺服驱动，按钮为红色时，点击此按钮，系统将通过通信的方式，来实时读取各个驱动的绝对位置数据。

⑤ 其他状态：

复位键：当系统提示区有弹框报警或提示时，点击 按钮复位弹框报警或提示。

在辅助继电器监视界面，使光标选中继电器并点击 按键，强制此辅助继电器无效。

在辅助继电器监视界面，使光标选中继电器并点击 按键，强制此辅助继电器有效。

在通用输出口监视界面，使光标选中继电器并点击 按键，强制此输出口无效。

在通用输出口监视界面，使光标选中继电器并点击 按键，强制此输出口有效。

（7）坐标区

本区域主要用于在示教模式时，通过按坐标键，执行对应显示内容（关节、直线、姿态）的动作。

关节坐标下，使用对应坐标键[图 2-21(a)]，活动各个关节；直角坐标、工具坐标、用户坐标下使用对应坐标键[图 2-21(b)]，可使机器人沿标示坐标系方向运动。

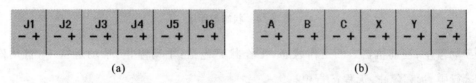

图 2-21 坐标区

手动移动速度倍率，可通过对应坐标键增加或减少速度倍率；或者通过速率调整键调整速度倍率。其调整结果在状态栏有显示，如图 2-22 所示。

图 2-22 手动移动速度倍率示例

自动运行速度倍率，可通过对应坐标键增加或减少速度倍率；或者速率调整键调整速度倍率。其调整结果在状态栏有显示，如图 2-23 所示。

图 2-23 自动运行速度倍率示例

注意：必须停止机器人运行，自动倍率才能调整。

再现模式、远程模式下：无限循环 [图标]，即程序连续不停地循环运行。程序暂停（停止后）可通过对应坐标键＋/－，在无限循环、单次运行、单行运行之间切换。

再现模式、远程模式下：单次循环 [图标]，即程序从光标位置运行到程序结尾停止。程序暂停（停止后）可通过对应坐标键＋/－，在无限循环、单次运行、单行运行之间切换。

再现模式、远程模式下：单行运行 [图标]，即程序运行一行暂停，再按一次启动键运行下一行程序。程序暂停（停止后）可通过对应坐标键＋/－，在无限循环、单次运行、单行运行之间切换。

(8) 状态显示区

状态显示区主要显示目前的工作状态，如登录的用户、机器人运动状态、工作模式、运行速度、工具坐标号、用户坐标号、当前时间、协同状态，如图 2-24 所示。

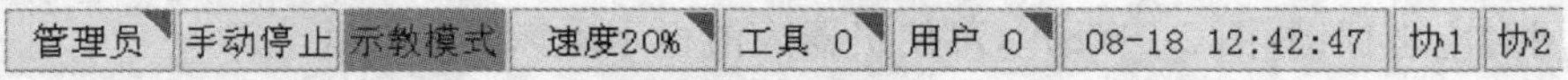

| 管理员 | 手动停止 | 示教模式 | 速度20% | 工具 0 | 用户 0 | 08-18 12:42:47 | 协1 | 协2 |

图 2-24 状态显示区

[手动停止]：当前机器人的工作状态，工作状态包括：手动停止、手动运行中、自动停止、自动运行中、远程停止、远程运行中。

[再现模式]：当前机器人的工作模式，与工作状态对应。工作模式包括：手动模式、自动模式、远程模式。

示教模式时，工作状态为手动停止或手动运行中；

再现模式时，工作状态为自动停止或自动运行中；

远程模式时，工作状态为远程停止或远程运行中。

[速度20%]：当前速度倍率。在示教模式时，显示为手动运行速度倍率；在再现或远程模式时，显示为自动运行时的速度倍率。

[工具 0]：当前使用的工具坐标号。在工具坐标设置界面，当选择了某一坐标号时，则调用该工具坐标，并在该位置显示出来。请确保调用工具坐标号设置正确。

[用户 0]：当前使用的用户坐标号。在用户坐标设置界面，当选择了某一坐标号时，则调用该用户坐标，并在该位置显示出来。请确保调用用户坐标号设置正确。

[08-18 12:42:47]：时间显示，显示当前日期时间。

[协1] [协2]：协同状态标示，表示协同状态，当此状态图标为黄色，表示该协同轴协同状态开启。

(9) 子菜单区

该区域根据当前激活界面的不同，显示不同的内容，使用对应的按键可执行相应操作，如图 2-25～图 2-27 所示。

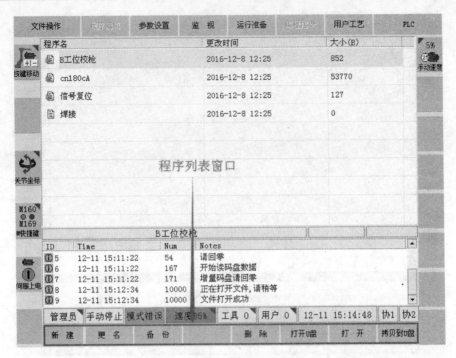

图 2-25　程序列表窗口(开机主界面)

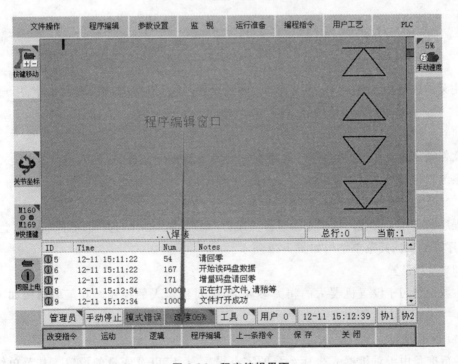

图 2-26　程序编辑界面

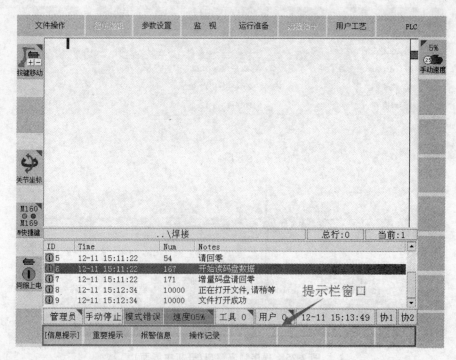

图 2-27　提示栏窗口

2.3　机器人系统界面介绍

主菜单区包括：文件操作、程序编辑、参数设置、运行准备、监视、编程指令、用户工艺、PLC 共八个主菜单。菜单结构如下：

（1）文件操作

文件操作主要用于参数备份、故障备份或者更新程序文件、机器人参数、PLC 文件等，以及系统软件升级。其菜单结构图如图 2-28 所示。

（2）程序编辑

程序编辑用于在程序编辑界面进行程序行(块)复制与粘贴、剪切、删除、查找、替换、复位、排序等编辑。其菜单结构如图 2-29 所示。

（3）参数设置

参数设置用于设置机器人的相关参数，实现对机器人的控制。其菜单结构如图 2-30 所示。

（4）运行准备

运行准备用于对机器人坐标系统的零点设置、标定以及变量的设置。其菜单结构如图 2-31所示。

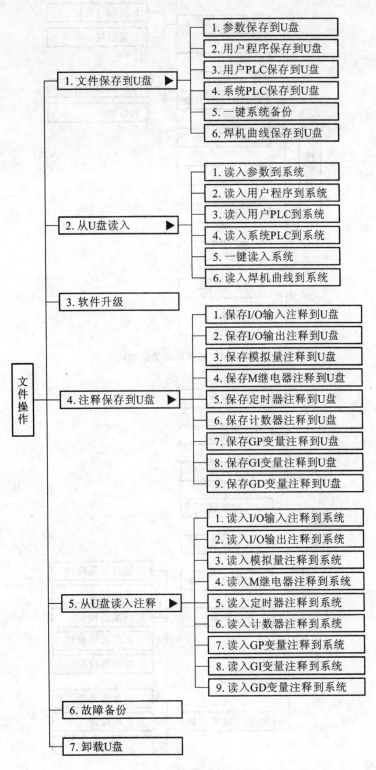

图 2-28 文件操作菜单结构

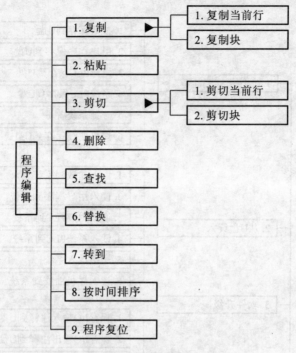

图 2-29　程序编辑菜单结构

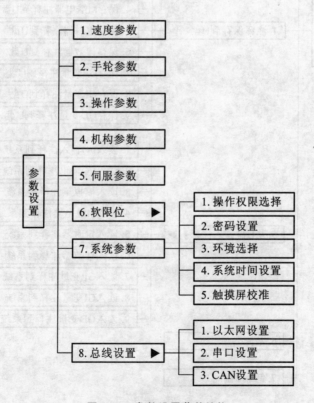

图 2-30　参数设置菜单结构

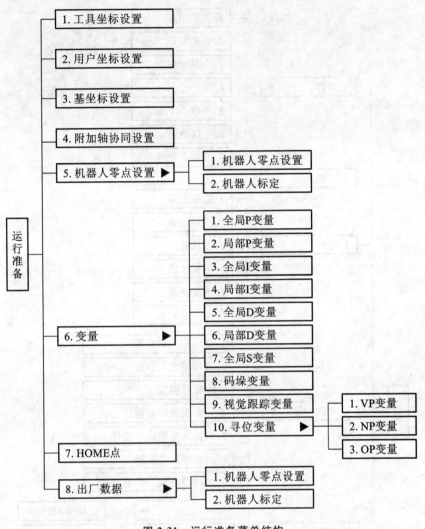

图 2-31 运行准备菜单结构

(5) 监视

监视用于查看机器人以及周边接口的相关信息。其菜单结构如图 2-32 所示。

(6) 编程指令

编程指令用于编辑程序,选择需要的指令。编程指令包含了系统所有的指令。其菜单结构如图 2-33 所示。

(7) 用户工艺

用户工艺用于对机器人应用的工艺进行相关参数设置。其菜单结构如图 2-34 所示。

(8) PLC

PLC 用于观察当前梯形图中输入输出、辅助继电器、定时器、计数器等的状态。其菜单结构如图 2-35 所示。

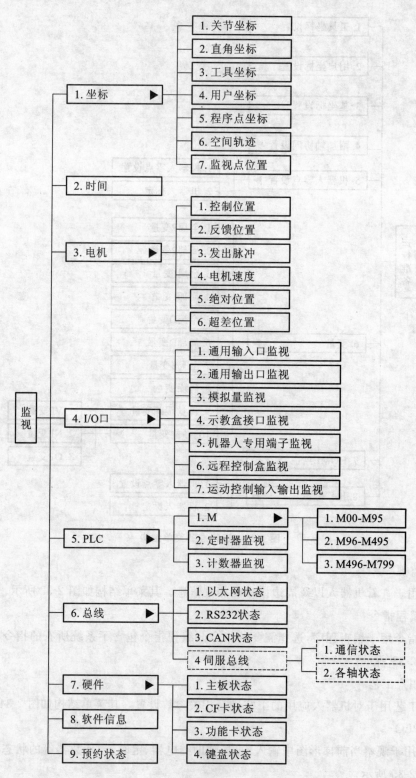

图 2-32 监视菜单结构

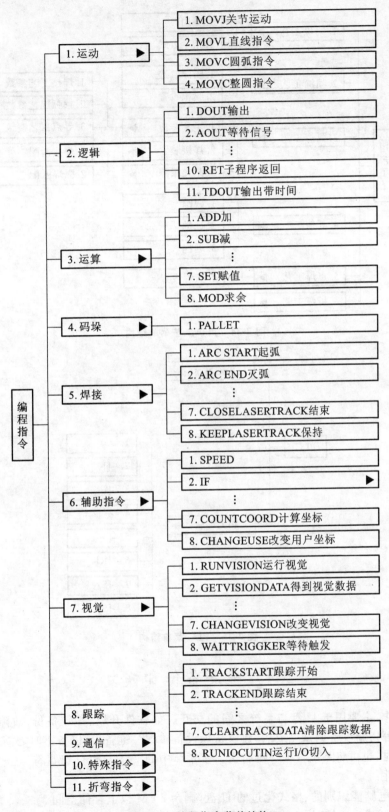

图 2-33 编程指令菜单结构

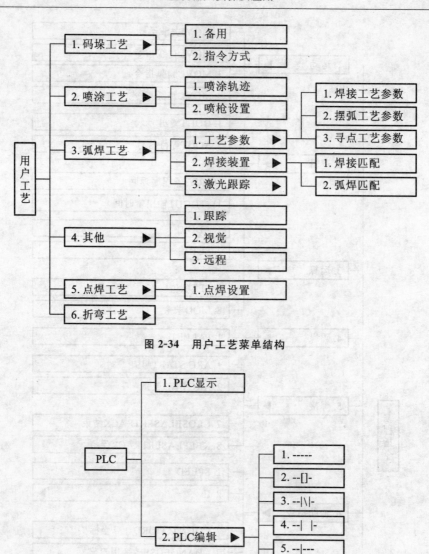

图 2-34 用户工艺菜单结构

图 2-35 PLC 菜单结构

2.4 程序备份和恢复

文件操作,主要用于 U 盘与系统之间的交互。如软件升级、参数备份、故障备份、数据导入与导出等。新设备调试完成后,建议将该设备参数一键备份,以备不时之需。同时客户在遇到问题时,也可将系统数据一键备份。本章节中的"＊"表示 U 盘盘符。

前提条件:

① 一个电脑能识别的、格式化过的 U 盘,剩余 20 M 以上存储空间。

② 当需要读入系统时,对应文件的路径及文件名必需准确。

③ 数据保存到 U 盘完成后,请通过【卸载】选项卸载 U 盘。

2.4.1 文件保存到 U 盘

(1) 参数保存到 U 盘

将 U 盘插入主机箱上 USB 接口,点击【文件操作】→【文件保存到 U 盘】→【参数保存到 U 盘】。系统参数将保存到 U 盘根目录下(*:\para.txt),同时信息提示区会提示:"参数文件夹已经拷贝到 U 盘下,如要拔出请卸载 U 盘",如图 2-36 所示。

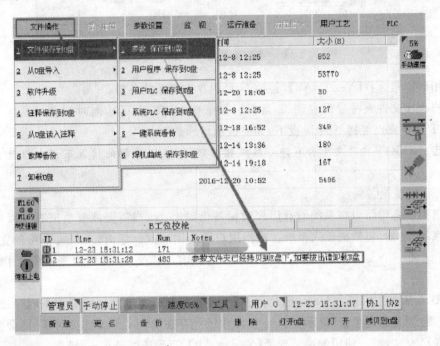

图 2-36　参数保存到 U 盘

警告:系统参数为设备核心参数,备份出来的数据严禁自行修改,否则会造成数据错乱,引发事故。

如果 U 盘未插入或 U 盘未识别,信息提示区会提示:"参数文件夹拷贝失败,请检查 U 盘是否插入"。

(2) 用户程序保存到 U 盘

将 U 盘插入主机箱上 USB 接口,点击【文件操作】→【文件保存到 U 盘】→【用户程序保存到 U 盘】,将弹出图 2-37 所示提示框。

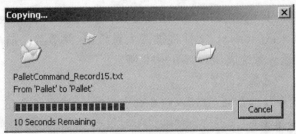

图 2-37　"复制进度条"提示框

当 U 盘中已经存在 ROBOT 文件夹时候,则会弹出图 2-38 所示对话框。

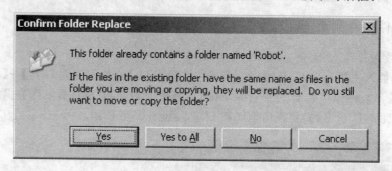

图 2-38 "是否要覆盖已有文件"对话框

使用触摸笔选择【Yes to All】,替换 U 盘中存在的系统备份。

用户程序文件夹将被保存到 U 盘根目录下(*:\ROBOT),同时信息提示区会提示:"ROBOT 文件夹已经拷贝到 U 盘下,如要拔出请卸载 U 盘"。

警告:ROBOT 文件夹下含有许多系统相关数据,在不了解的情况下请勿修改、删除相关内容。

(3) 一键系统备份

一键系统备份可以将系统所有用户数据备份到 U 盘,当需要恢复数据时可以使用"一键读入系统"功能,将数据读入系统。或当用户遇到困难或问题时,可以将备份的完整数据(五个文件和一个文件夹,见后面注意说明)重新读入系统,恢复到原来正常工作状态的数据。

将 U 盘插入主机箱上 USB 接口,点击【文件操作】→【文件保存到 U 盘】→【一键系统备份】。将弹出"复制进度条"提示框。当 U 盘中已经存在 ROBOT 文件夹时候,则会弹出"是否要覆盖已有文件"。使用触摸笔选择【Yes to All】,直到进度条走完,消失。

相关文件将被保存到 U 盘根目录下(*:\),同时信息提示区会提示:

参数文件夹已经拷贝到 U 盘下,如要拔出请卸载 U 盘。

ROBOT 文件夹已经拷贝到 U 盘下,如要拔出请卸载 U 盘。

system.lad 文件夹已经拷贝到 U 盘下,如要拔出请卸载 U 盘。

system.plc 文件夹已经拷贝到 U 盘下,如要拔出请卸载 U 盘。

2.4.2 从 U 盘导入

(1) 将参数读入系统

将 U 盘插入主机箱上 USB 接口,点击【文件操作】→【从 U 盘导入】→【读入参数到系统】。U 盘根目录下(*:\para.txt)文件将被读入系统中,并覆盖之前参数,同时信息提示区会提示:"参数文件读入系统成功",如图 2-39 所示。

警告:

① 系统参数为设备核心参数,当读入的参数有误时,会造成设备运转不正常,从而引发事故。操作时,请务必慎重!

② 机器人零位数据也在参数文件中,请确保读入的参数与设备吻合,否则机器人零位

项目 2 工业机器人基础操作

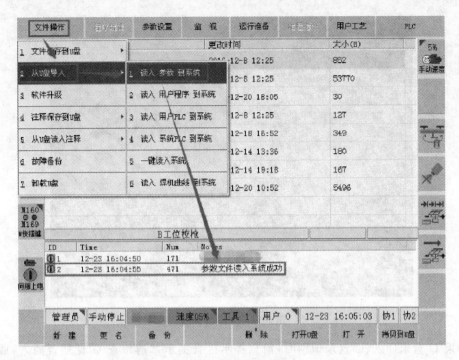

图 2-39 参数读入系统

将被改变。操作时,请务必慎重!

如果 U 盘未插入、U 盘未识别时,信息提示区会提示:"请检查 U 盘是否插入,或者已经卸载"。

如果参数文件路径不正确(*:\para.txt)或文件不存在,信息提示区会提示:"参数文件读入系统失败,请检查文件和 U 盘"。

(2) 读入用户程序到系统

将 U 盘插入主机箱的 USB 接口上,点击【文件操作】→【从 U 盘导入】→【读入用户程序到系统】,将弹出"是否要覆盖已有文件"对话框。

使用触摸笔选择【Yes to All】,弹出"复制进度条"提示框。

当进度条走完,消失后,U 盘根目录下(*:\robot)文件夹被读入系统中,并覆盖同名文件,信息提示区会提示:"用户程序文件夹载入成功"。同时也会弹出图 2-40 所示对话框。

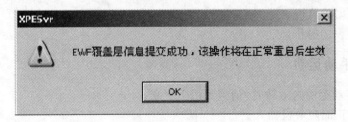

图 2-40 "提交成功"对话框

点击【确认】键,系统将重启。

直到图 2-41 所示界面出现,才能拔下 U 盘。系统启动完成后,用户程序导入完成。

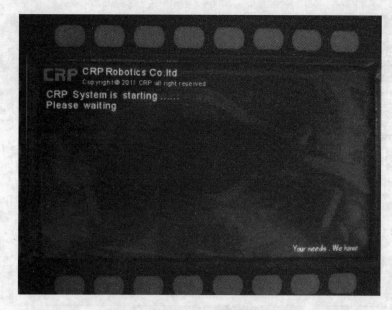

图 2-41 重启后界面

如果 U 盘未插入、U 盘未识别时,信息提示区会提示:"请检查 U 盘是否插入,或者已经卸载"。

如果文件夹路径不正确(＊:\robot)或文件夹不存在,信息提示区会提示:"U 盘里面没有用户程序文件夹"。

2.5 示教模式

2.5.1 示教模式下能进行的操作

在示教器上的模式选择区上选择 TEACH 模式,可以进行以下操作:
(1) 示教模式下相关参数设定,设备调试,设备维修。
(2) 坐标系设定,回零操作。
(3) 编制、修改示教程序。
(4) 各种工艺文件和参数的设定。
(5) 工作数据的监视。
(6) U 盘外设的操作。

2.5.2 简单手动运动

在机器人运动范围内示教时,请满足以下要求:
(1) 保持从正面观看机器人。
(2) 严格遵守操作步骤。
(3) 制订机器人突然向自己所处方位运动时的应变方案。
(4) 确保设置躲避场所,以防万一。

由于误操作造成的机器人动作,可能引发人身伤害事故。因此,机器人运动之前,需要满足以下条件：

(1) 设备已经调试完成，可以正常使用。

(2) 系统自检完成，没有任何错误、报警。

2.5.3 示教盒正确操作姿势

(1) 左手手臂放在示教盒线缆和扶手中间位置，手掌握住示教盒安全开关侧扶手，食指、中指、无名指放在安全开关上。

(2) 左手握住示教盒，翻转，显示界面向上，将示教盒托于腹部合适位置。右手操作示教盒按键、开关等，如图 2-42 所示。

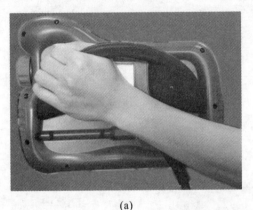
(a)

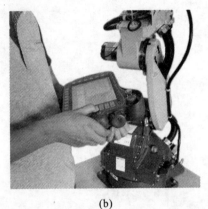
(b)

图 2-42 示教盒正确操作姿势

(3) 操作人员应站立在机器人运动范围之外，位于前方或侧面。要方便观看机器人运动，同时要密切关注运动范围内是否有障碍物或者人员进入。如遇紧急情况，需要立刻按急停按钮停止机器人运动。

2.5.4 简单手动

(1) 打开机器人控制柜电源，机器人通电。

(2) 确认信息提示栏无报警、警告信息。

(3) 将模式开关切换为示教模式(TEACH)。

(4) 按伺服下电按键 ![伺服下电], 伺服通电。通电完成后图标显示为 ![伺服上电]。

注意：伺服电机通电时，系统将读取编码器反馈来计算当前坐标。对于绝对编码器的伺服机构，系统直接读取编码器反馈就可以计算出坐标，系统将允许再现、远程运行。对于增量编码器的伺服机构，伺服通电后，读取的编码器反馈无法计算出坐标，就需要在【运行准备】→【机器人零点设置】中手动对各轴进行回零设置。

(5) 按 ![V↓] ![V↑] 调整速度倍率，建议将速度倍率调整到 5％～10％之间。

(6) 选择合适的坐标系，建议选择关节坐标 ![关节坐标]。

(7) 按 ![按键] 对应按键解除禁止动作机器人，图标应变为 ![按键移动], 允许动作机器人。

(8) 通过 ![J1][J2][J3][J4][J5][J6] 对应坐标＋、－按键，慢慢移动机器人各关节。

当正确按住安全开关,轴运动坐标不出现的原因如下:
① 可能是手动控制机器人处于禁止状态。
② 禁止机器人动作解除,轴坐标还是没有出现,可能是系统没有收到刹车检测信号。点击【监视】→【I/O口】→【机器人专用端子】,查看制动检测输入信号是否有效(必须为绿色才行):⇐ 输入 ● 无 制动检测信号

项目 3　工业机器人编程准备

3.1　零点标定

机器人零点设置界面主要用于机器人零点设置以及机器人标定。机器人标定用于标定零位以及工具坐标。

3.1.1　机器人零点设置

零点设置于机器人调试完成后进行,是程序运行的基准。

点击【运行准备】→【机器人零点设置】,弹出零点设置界面,如图 3-1 所示。

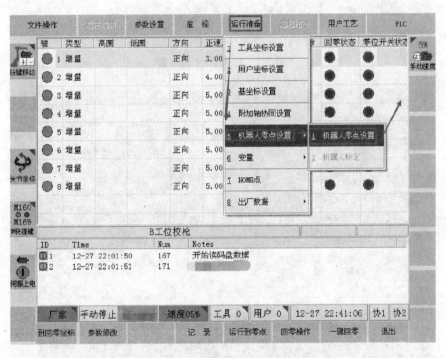

图 3-1　机器人零点设置

3.1.2　机器人标定

机器人标定用于计算工具坐标尺寸修正零位(修正零位是为了系统更好地控制工具)。首先打开记录的 20 个程序点,如图 3-2 所示。

点击【运行准备】→【机器人零点设置】→【机器人标定】,进入标定界面,如图 3-3 所示。

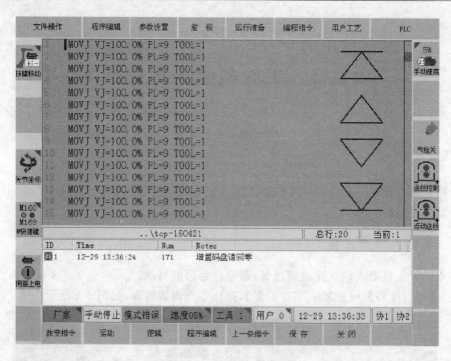

图 3-2　记录 20 个程序点

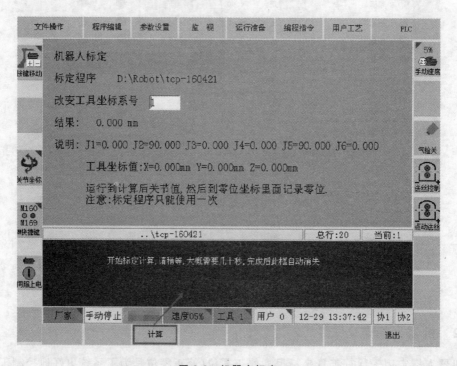

图 3-3　机器人标定

点击【计算】，弹出绿色对话框提示，如图 3-3 所示。计算完成后，提示栏提示标定计算完成。结果：×××表示标定的精度。说明：×××表示计算出的零位角度。填入需要修改的工具坐标号，点击【修改工具坐标值】，将计算出的工具尺寸填入工具坐标中。点击【运行到计算后位置】重新记录零位,机器人零位标定完成,如图3-4所示。

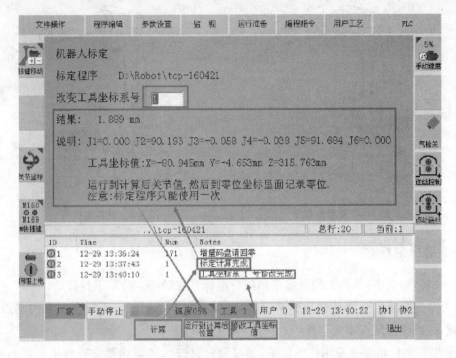

图3-4 修改工具坐标值

3.2 坐 标 系

CRP系统坐标系包括关节坐标系、直角坐标系、用户坐标系以及工具坐标系。针对不同的场合会使用不同的坐标系,下面将介绍这几种坐标系。

3.2.1 关节坐标系

机器人沿各轴轴线进行单独动作,所使用的坐标系称关节坐标系。关节坐标系在机器人调试完成后就设定完成,不可更改,如图3-5所示。

3.2.2 直角坐标系

机器人直角坐标,也叫大地坐标。每种机器人类型对应的直角坐标方向不同,对应的直角坐标原点位置也不同。

机器人相关参数设定完成后,则直角坐标的零点和方向随之确定,不修改参数的情况下无法修改直角坐标。

不管机器人处于什么位置(除了奇异点),均可沿设定的X轴、Y轴、Z轴平行移动。对于六轴机器人,还可执行A、B、C旋转,A绕X轴旋转,B绕Y轴旋转,C绕Z轴旋转,遵从右手螺旋法则,如图3-6所示。

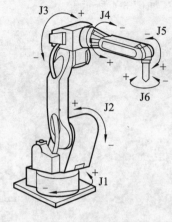
图 3-5 关节坐标系

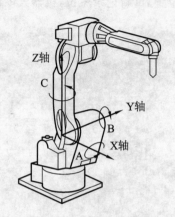
图 3-6 直角坐标系

3.2.3 用户坐标系

在用户坐标系中，机器人沿所指定的用户坐标系各轴（X、Y、Z）平行移动。

在关节坐标系以外的其他坐标系中，均可只改变工具姿态而不改变工具尖端点（控制点）位置，这叫作控制点不变动作。

0 号用户坐标系为基准用户坐标系，不可设定、修改，该坐标系和直角坐标系相同。对于 1～49 号用户坐标系，用户可根据需要设定，如图 3-7 所示。

3.2.4 工具坐标系

工具坐标系把机器人腕部法兰盘所持工具的有效方向作为 Z 轴，并把坐标定义在工具的尖端点，如图 3-8 所示。

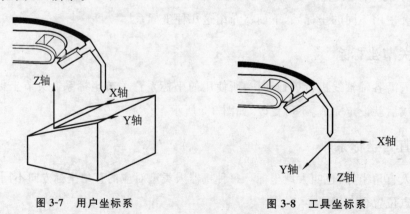

图 3-7 用户坐标系　　　　图 3-8 工具坐标系

0 号工具坐标系为基础工具坐标系，不可设定、修改，该坐标系与直角坐标系相同。对于 1～49 号工具坐标系，用户可根据实际工具情况进行设定。

3.3 坐标系设置

关节坐标系和直角坐标系在机器人调试完成后就设定完成,不可更改。工具坐标系和用户坐标系,用户可根据需要自行设定。

3.3.1 用户坐标系设置

建立用户坐标系,方便示教编程时编程。有几个工装面就需要设置几个用户坐标系,如图3-9所示。

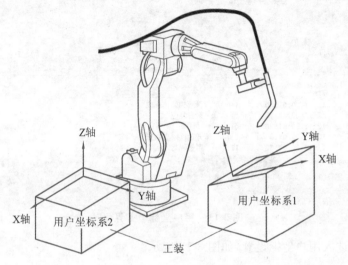

图 3-9 建立用户坐标系

用户坐标系设置步骤如下:

选择【运行准备】→【用户坐标设置】,弹出用户坐标系设置界面,如图 3-10 所示,每一个工件设置一个(即也可叫工作坐标系)。

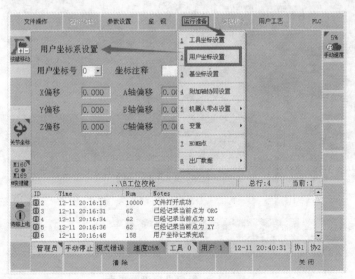

图 3-10 用户坐标系界面

通过触摸笔选择需要设置的用户坐标号(用户坐标号 1),如图 3-11 所示。

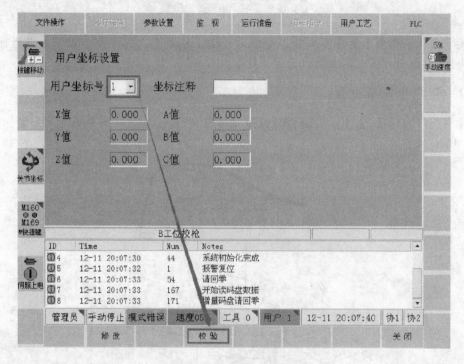

图 3-11　用户坐标号 1 界面

点击校验,进入用户坐标设置,如图 3-12 所示。

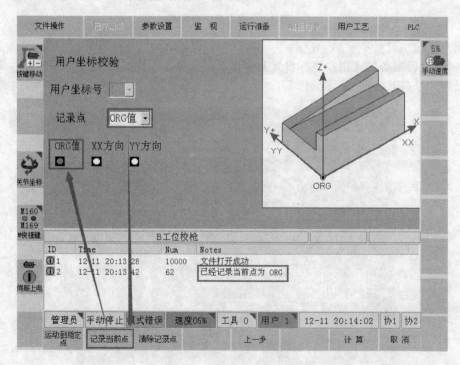

图 3-12　用户坐标设置界面

在图 3-12 所示界面中,首先设置用户(工件)坐标系的原点(ORG 值),即将机器人末端尖点(用焊枪上的焊丝)移动到工件的一个角的端点上,然后按【记录当前点】记录用户(工件)坐标的原点。此时,屏幕中 ORG 值下方的指示图标变为绿色,提示栏提示已经记录当前点 ORG。

用触摸笔点击 ORG值,使用触摸笔或者手轮使记录点选择"XX 方向",确定 X 边,如图 3-13 所示。

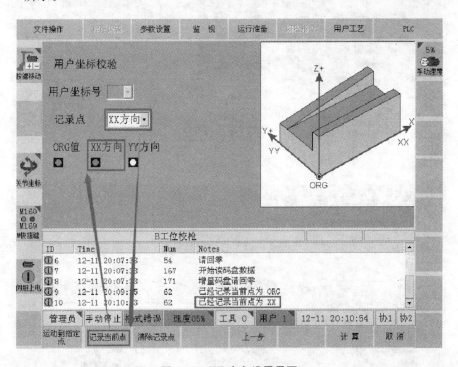

图 3-13　XX 方向设置界面

在图 3-13 所示界面中,设置用户(工件)坐标系的 X 方向,即将机器人末端尖点移动到工件一边的边沿,然后按【记录当前点】记录用户(工件)坐标的 XX 方向。此时,屏幕中 XX 方向下方的指示图标变为绿色,提示栏提示已经记录当前点为 XX。

使用触摸笔选择 YY方向,通过手轮或者触摸笔使记录点选择"YY 方向",确定 Y 边,如图 3-14 所示。

在图 3-14 所示界面中,设置用户(工件)坐标系的 Y 方向,即将机器人末端尖点移动到工件另一边的边沿,然后按【记录当前点】记录用户(工件)坐标的 YY 方向。此时,屏幕中 YY 方向下方的指示图标变为绿色,提示栏提示已经记录当前点为 YY。

原点(ORG)、XX 方向、YY 方向三点记录完成后(所有指示图标均变为绿色),点击【计算】按键,系统自动完成当前用户(工件)坐标的计算,提示栏提示用户坐标记录完成,在工件上的坐标系及方向确定,如图 3-15 所示。

说明: 用户坐标系的建立是参照右手螺旋法则,Z 的正方向在 X 向 Y 旋转的大拇指方向,如图 3-16 所示。在建立工件坐标时,Z 的正方向通常是远离工件,因此需要在建立用户坐标时考虑 X、Y 方向的边分别是哪一条边。

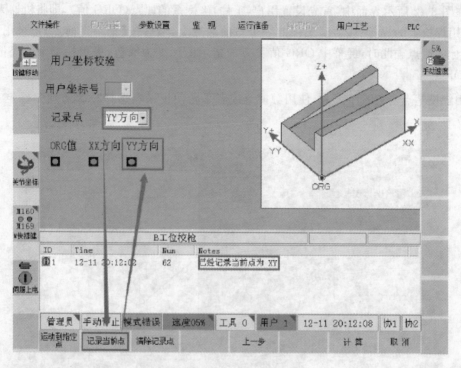

图 3-14　YY 方向设置界面

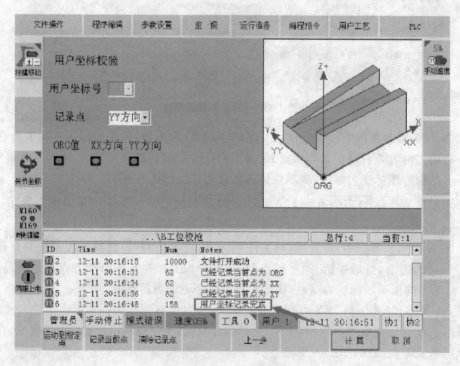

图 3-15　坐标的计算界面

用户坐标系统计算完成后,可切换到用户坐标系下,验证是否为想要的用户坐标方向。验证完成后,按【取消】键退出。

3.3.2 工具坐标系设置

为使机器人进行正确的直线插补、圆弧插补等插补动作,须正确地输入工具的尺寸信息,定义控制点的位置。建立工具坐标,通过设置 6 组机器人末端不同的数据,系统自动算出工具控制点的位置。

用工具校验输入的是法兰盘坐标中工具控制点的坐标值,如图 3-17 所示。

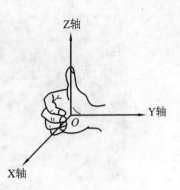

图 3-16 右手螺旋法则

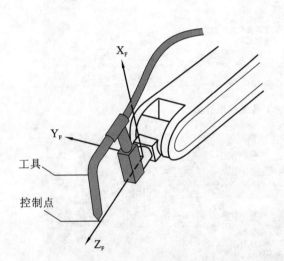
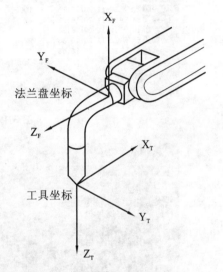

图 3-17 工具尺寸是基于机器人末端坐标和工具坐标与末端法兰坐标的关系

进行工具校验,须以控制点为基准示教 6 个不同的姿态,系统根据这 6 组数据自动算出工具尺寸。取点如图 3-18 所示。

说明:如图 3-18 所示,P1～P4 点的姿态变化尽量较大,P5 点时焊丝(焊枪末端直的部分)所在直线必须与校枪器保持在一条直线上,P6 点用来确定工具坐标的 X 方向,即 P5 点与 P6 点的连线为工具坐标的 X 方向。

工具坐标系设置步骤如下:

选择【运行准备】→【工具坐标设置】,进入工具坐标系设置界面,如图 3-19 所示。

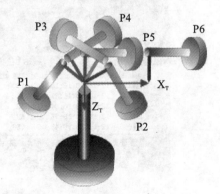

图 3-18 示教 6 个不同的姿态

用触摸笔触摸选择【工具坐标号】,通过手轮或者触摸笔选择需要设置的工具坐标系号,然后点击【六点校验】进入工具坐标系校验界面,如图 3-20 所示。

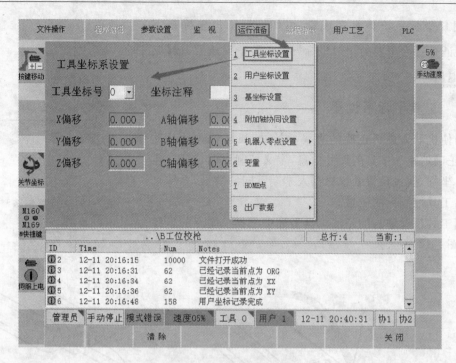

图 3-19 工具坐标系界面

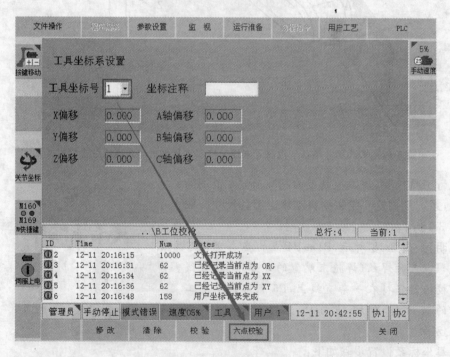

图 3-20 点击【六点校验】

使用触摸笔选择【记录点】,通过手轮或者触摸笔选择记录点 P1,将焊枪尖点(焊丝)移动到相应的位置,按【记录当前点】,此时 P1 下方的指示图标变为绿色,提示栏提示已经记录当前点位 P1,如图 3-21 所示。

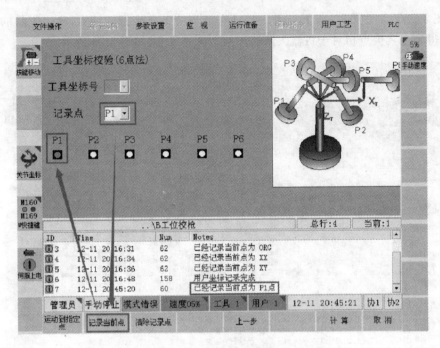

图 3-21 记录当前点位 P1

再通过手轮或者触摸笔选择记录点 P2，将焊枪尖点（焊丝）移动到相应的位置，按【记录当前点】，此时 P2 下方的指示图标变为绿色。

按照 P1 点记录的方式，依次将 P2~P6 设定完成，保证 P1~P6 下方的指示图标均变为绿色，如图 3-22 所示。

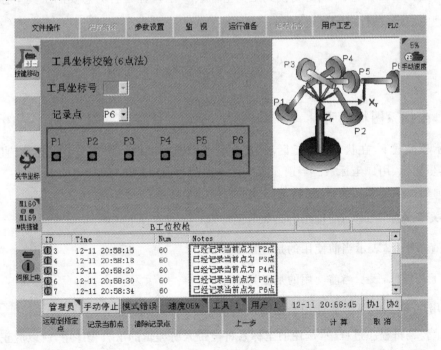

图 3-22 P2~P6 设定完成

在图 3-22 界面中按【计算】键,系统自动完成当前工具坐标的计算,确定工具的坐标系及方向,得到工具尖点相对于机器人末端法兰坐标的尺寸,如图 3-23 所示。

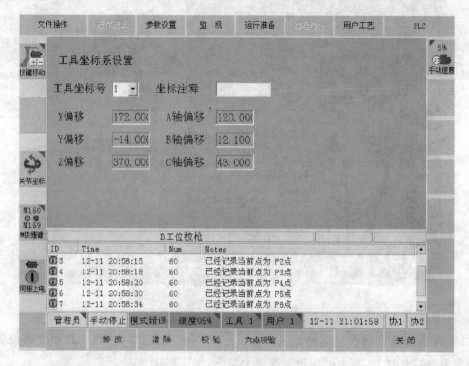

图 3-23 工具坐标的计算

工具坐标系计算完成后,可切换到工具坐标系 下验证是否为想要的工具坐标以及方向。验证完成后,按【关闭】键退出。

3.4 坐标系的切换与调用

3.4.1 坐标系图标说明

在示教模式下,在状态控制键区域,按对应坐标键可以循环切换关节坐标系、直角坐标系、工具坐标系、用户坐标系。当前显示坐标系即为当前使用坐标系。

下面列出坐标系切换时,显示的图标及使用的坐标系:

关节坐标,表示当前使用的是关节坐标系。

直角坐标,表示当前使用的是直角坐标系。

工具坐标,表示当前使用的是工具坐标系。

用户坐标,表示当前使用的是用户坐标系。

在示教编辑程序过程中,选用的坐标系将被带入所编辑的示教程序中,所以应正确选择和设定需要使用的坐标系。

用户可通过图 3-24 所示窗口切换坐标系图。

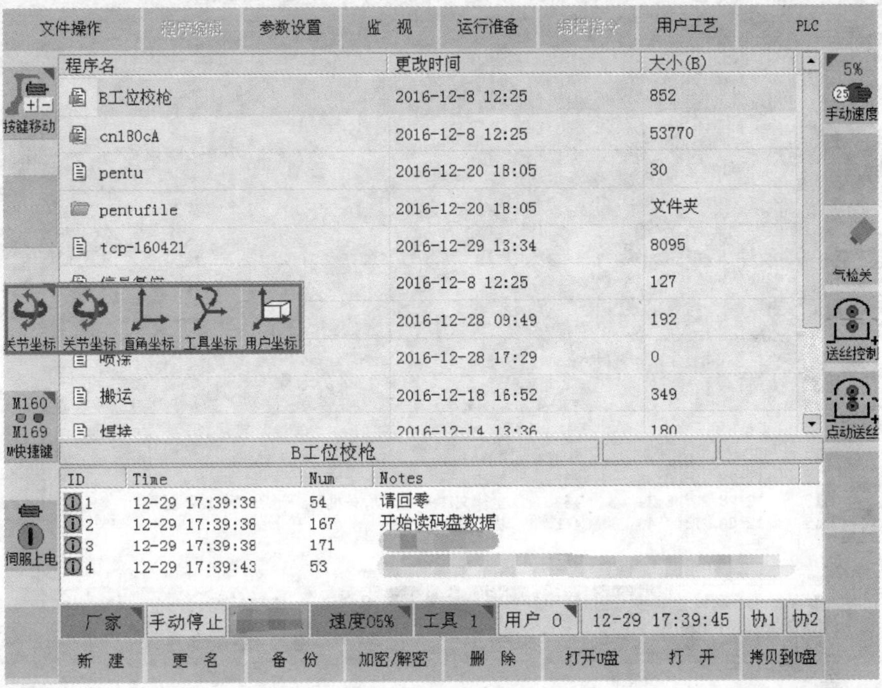

图 3-24 窗口切换坐标系

3.4.2 坐标系切换

关节坐标系和直角坐标系的使用,直接通过状态控制键切换到对应的坐标系,然后按坐标键＋/－即可使用该坐标系来运动机器人部件,或编程来调用该坐标系。

用户坐标系和工具坐标系的使用需要满足两个条件,即:调用适合的坐标号,切换到需要坐标系。条件满足后,就可以在示教模式下,手动运动机器人或编辑程序时使用该坐标系。

3.4.3 坐标系调用

3.4.3.1 关节坐标系调用

关节坐标系主要用于调试或者单关节移动机器人使用。

关节坐标系为默认坐标系,开机后坐标系为关节坐标系。当零位没有记录确定,用户只有选择关节坐标系,其他坐标系处于禁止状态。关节坐标系如图 3-25 所示。

切换到关节坐标系后,按住安全开关(位于 2 挡),示教器屏幕右边出现  轴坐标,如图 3-25 所示。

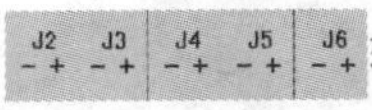

3.4.3.2 直角坐标系调用

直角坐标系主要用于直线运动机器人、示教编辑程序等,如图 3-26 所示。

点击直角坐标系图标,在弹出的对话框中选择直角坐标系,示教器屏幕右边出现 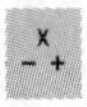 轴坐标,如图 3-26 所示。

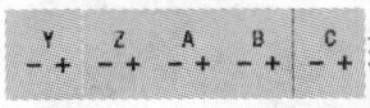

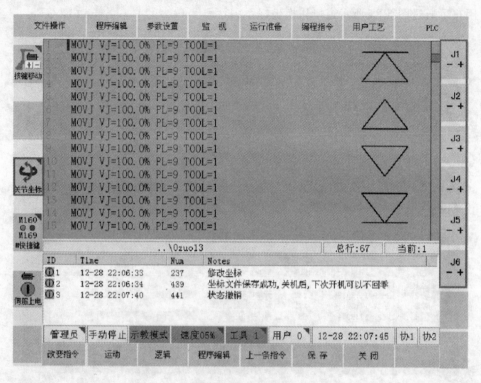

图 3-25 关节坐标系

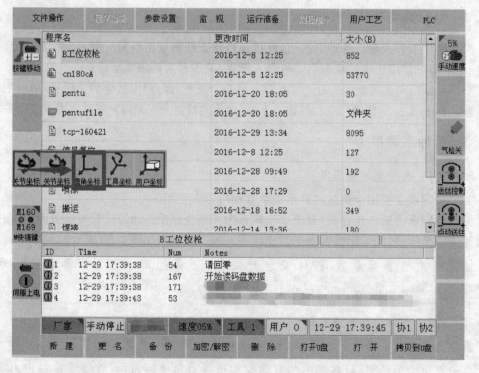

图 3-26 直角坐标系

3.4.3.3 工具坐标系调用

工具坐标系主要用于直线运动机器人、示教编辑程序等。

(1) 工具坐标号的选择

点击【运行准备】→【工具坐标系设置】,弹出界面如图3-27所示。

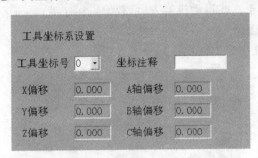

图3-27 工具坐标系设置界面

在上述界面中,通过触摸笔,将光标移动到工具坐标号 0 内,使用手轮直接滚动选择或者使用触摸笔触摸倒三角图标选择,选择需要的工具坐标号(1号),再按子菜单【关闭】,状态栏显示"工具1",如图3-28所示。

图3-28 状态栏显示"工具1"

(2) 工具坐标系的调用

点击坐标系图标,在弹出的对话框中选择工具坐标系,如图3-29所示。

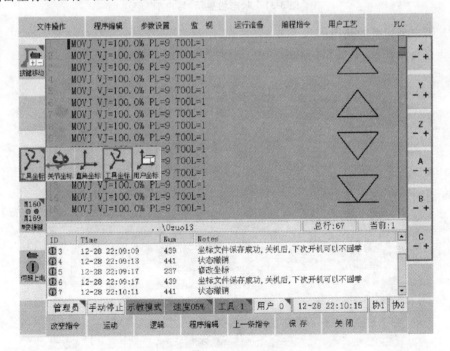

图3-29 选择工具坐标系

切换到工具坐标系后,按住安全开关(位于 2 挡),示教器屏幕右边出现 轴坐标,如图 3-29 所示。

3.4.3.4 用户坐标系调用

用户坐标系主要用于直线运动机器人、示教编辑程序等。

(1) 用户坐标号的选择

点击【运行准备】→【用户坐标设置】,弹出界面图 3-30 所示。

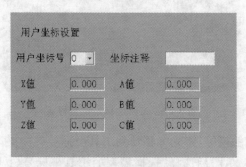

图 3-30　用户坐标设置界面

在上述界面中,通过触摸笔,将光标移动到工具坐标号内,使用手轮直接滚动选择或者使用触摸笔触摸倒三角图标选择,选择需要的用户坐标号(1 号),再按子菜单【关闭】,状态栏显示"用户 1",如图 3-31 所示。

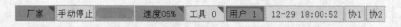

图 3-31　状态栏显示"用户 1"

(2) 用户坐标系的调用

点击坐标系图标,在弹出的对话框中选择用户坐标系,如图 3-32 所示。

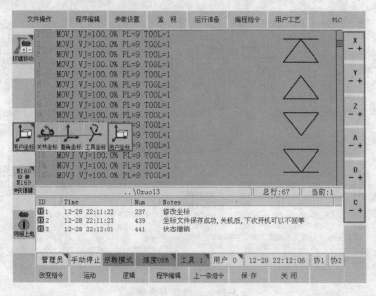

图 3-32　选择用户坐标系

切换到用户坐标系后,按住安全开关(位于 2 挡),示教器屏幕右边出现 X Y Z A B C 轴坐标,如图 3-32 所示。

3.5 系统变量

本系统变量包括:全局 P 变量(位置 GP 变量,所有程序通用),局部 P 变量(位置 LP 变量,单独程序使用),全局 I 变量(整型 GI 变量,所有程序通用),局部 I 变量(整型 LI 变量,单独程序使用),全局 D 变量(浮点 GD 变量,所有程序通用),局部 D 变量(浮点 LD 变量,单独程序使用),全局 S 变量(备用),码垛变量(备用),视觉跟踪变量(备用),寻位变量(VP 变量、NP 变量、OP 变量),HOME 点(备用)。

变量监视界面打开方式如图 3-33 所示。

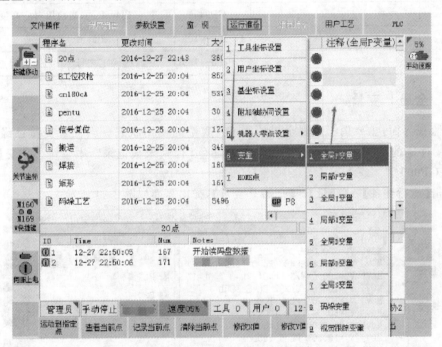

图 3-33 变量监视界面打开方式

点击【运行准备】→【变量】,选择需要打开的变量,则对应变量监视界面显示在屏幕右侧。
由于功能需要,上述某些变量已经被系统使用,下面列举部分变量进行说明,见表 3-1。

表 3-1 变量说明

GI 变量部分		GP 变量部分	
变量	定义	变量	定义
GI50	视觉缓冲区数据个数	GP40~49	跟踪工艺 0~9 的 A 点位置记录
GI51	视觉标记 1	GP50	跟踪工艺中,当前物体的机器人位置
GI52	跟踪缓冲区数据个数	GP51	跟踪工艺中,当前物体的机器人位置

续表 3-1

GI 变量部分		GP 变量部分	
变量	定义	变量	定义
GI53	视觉标记 2	GP52	视觉工艺中,当前物体的机器人位置
		GP53	视觉工艺中,当前物体的机器人位置
GI60~69	跟踪缓冲 0~9 的个数	GP80~89	码垛工艺号 0~9,过渡点
GI90~139	码垛工艺号 0~49,码垛个数	GP90	码垛工艺,准备点
		GP91	码垛工艺,放件点
		GP92	码垛工艺,离开点
		GP93	码垛工艺,自动生成准备点
		GP94	码垛工艺,当前层对应高度
		GP100~109	跟踪 0~9 参考点
		GP130~169	码垛工艺号 10~49,过渡点

3.5.1 全局 P 变量

本监视界面,主要用于监视全局位置 GP 变量的使用状态。当位置变量已经被记录数据时,对应的变量号指示灯由绿色变为红色,否则未被记录。本系统 GP 变量范围：GP00~GP999。

点击【运行准备】→【变量】→【全局 P 变量】,弹出界面如图 3-34 所示。

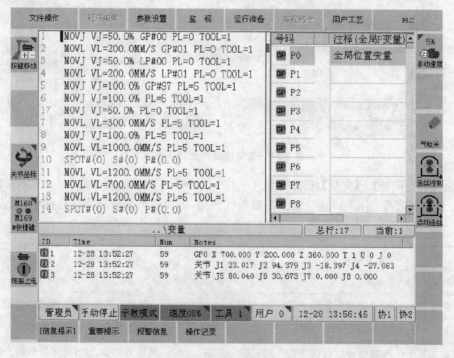

图 3-34 监视全局位置 GP 变量

当焦点位于监视区时,子菜单区各按键使用方法如下:

(1)【运行到指定点】:首先移动光标到已经记录的 GP 变量号上,按住子菜单区【运行到指定点】,按住【安全开关】,开启 ![图标],此时机器人将移动到 GP 变量点所记录位置。

(2)【查看当前点】:移动光标到需要查看的 GP 变量号上,点击子菜单区【查看当前点】,此时在信息提示区将显示当前 GP 点所有位置数据,如图 3-35 所示。

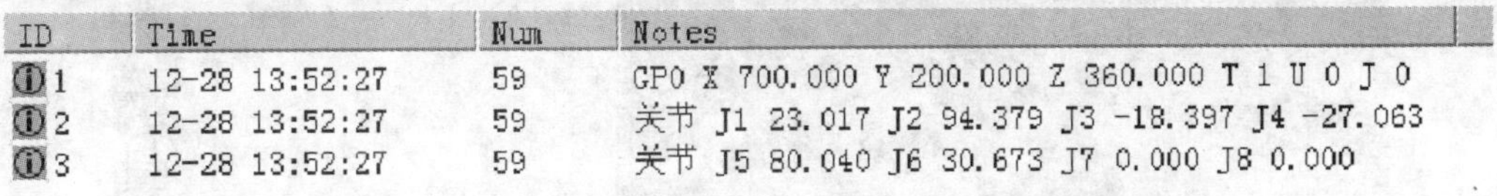

ID	Time	Num	Notes
1	12-28 13:52:27	59	GP0 X 700.000 Y 200.000 Z 360.000 T 1 U 0 J 0
2	12-28 13:52:27	59	关节 J1 23.017 J2 94.379 J3 -18.397 J4 -27.063
3	12-28 13:52:27	59	关节 J5 80.040 J6 30.673 J7 0.000 J8 0.000

图 3-35 GP 点所有位置数据

(3)【记录当前点】:将光标移动到需要记录的 GP 变量号上,按住【安全开关】,开启 ![图标],使用坐标移动键将机器人移动到需要的位置。然后点击子菜单区【记录当前点】,此时机器人的当前位置将被记录到所选定的变量号中。

注意:如果变量号已有数据,则执行本操作后,原有数据将被覆盖。

(4)【清除当前点】:将光标移动到需要清除数据的变量号上,点击【清除当前点】,此时系统弹出提示框:"是否清除当前全局 P 变量的值"。点击子菜单区【确定】键,清除该变量号中数据;点击【取消】键,撤销清除操作。

(5)【修改 X 值】:将光标移动到已经记录数据的 GP 变量号上,点击子菜单区【修改 X 值】按键,在右侧监视区下方弹出界面:GP2 X -49.547。输入修改后的数据,点击子菜单区【确认】键,确认修改操作;点击【取消】键,撤销修改。

(6)【修改 Y 值】:将光标移动到已经记录数据的 LP 变量号上,点击子菜单区【修改 Y 值】按键,在右侧监视区下方弹出界面:GP2 Y 1010.377。输入修改后的数据,点击子菜单区【确认】键,确认修改操作;点击【取消】键,撤销修改。

(7)【修改 Z 值】:将光标移动到已经记录数据的 LP 变量号上,点击子菜单区【修改 Z 值】按键,在右侧监视区下方弹出界面:GP2 Z 124.879。输入修改后的数据,点击子菜单区【确认】键,确认修改操作;点击【取消】键,撤销修改。

注意:
① 修改 X、Y、Z 轴数据时,请注意原有数据正负号!
② 建议修改的数据差异不要太大,否则造成机器人动作幅度太大,易发生事故!

3.5.2 局部 P 变量

本监视界面,主要用于监视局部位置 LP 变量的使用状态。如果打开的程序没有使用 LP 变量,则局部 P 变量监视界面中没有 LP 显示。当打开的程序中使用了 LP 变量时,局部 P 变量监视界面才会有 LP 变量显示。

点击【运行准备】→【变量】→【局部 P 变量】,弹出界面如图 3-36 和图 3-37 所示。

当 LP 位置变量已经被记录数据时,对应的变量号指示灯由绿色变为红色。本系统 GP 变量范围:LP00~LP999。

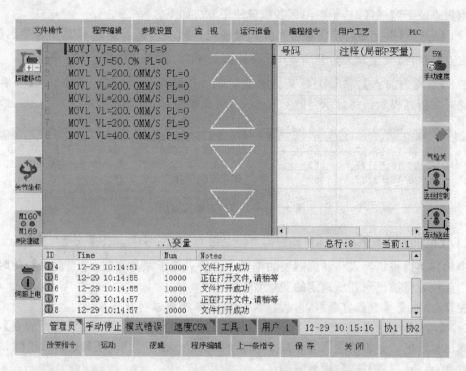

图 3-36　程序没有使用 LP 变量,则监视区中没有 LP 显示

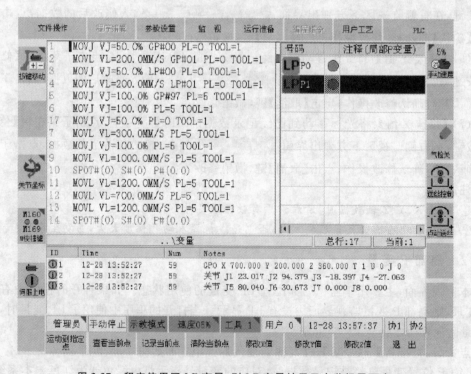

图 3-37　程序使用了 LP 变量,则 LP 变量被显示在监视界面中

当焦点位于监视区时,子菜单区各按键使用方法如下:

(1)【运行到指定点】：首先移动光标到已经记录的 LP 变量号上，按住子菜单区【运行到指定点】，按住【安全开关】，开启 [图标]，此时机器人将移动到 LP 变量点所记录位置。

(2)【查看当前点】：移动光标到需要查看的 LP 变量号上。点击子菜单区【查看当前点】，此时在信息提示区将显示当前 LP 点所有位置数据，如图 3-38 所示。

ID	时间	编号	提示
①48	05-24 10:20:52	59	LP1 X 984.053 Y 13.173 Z -86.526 T 0 U 0 J 0
①49	05-24 10:20:52	59	关节 J1 0.714 J2 60.385 J3 -36.698 J4 0.954
①50	05-24 10:20:52	59	关节 J5 25.907 J6 0.908 J7 0.000 J8 0.000

图 3-38　当前 LP 点所有位置数据

(3)【记录当前点】：将光标移动到需要记录的 LP 变量号上，按住【安全开关】，开启 [图标]，使用坐标移动键将机器人移动到需要的位置。然后点击子菜单区【记录当前点】，此时机器人的当前位置将被记录到所选定的变量号中。

注意：如果变量号已有数据，则执行本操作后，原有数据将被覆盖。

(4)【清除当前点】：将光标移动到需要清除数据的变量号上，点击【清除当前点】，此时系统弹出提示框："是否清除当前局部 P 变量的值"。点击子菜单区【确定】键，清除该变量号中数据；点击【取消】键，撤销清除操作。

(5)【修改 X 值】：将光标移动到已经记录数据的 LP 变量号上，点击子菜单区【修改 X 值】按键，在右侧监视区下方弹出如下界面：LP1 X 984.053。输入修改后的数据，点击子菜单区【确认】键，确认修改操作；点击【取消】键，撤销修改。

(6)【修改 Y 值】：将光标移动到已经记录数据的 LP 变量号上，点击子菜单区【修改 Y 值】按键，在右侧监视区下方弹出如下界面：LP1 Y 13.173。输入修改后的数据，点击子菜单区【确认】键，确认修改操作；点击【取消】键，撤销修改。

(7)【修改 Z 值】：将光标移动到已经记录数据的 LP 变量号上，点击子菜单区【修改 Z 值】按键，在右侧监视区下方弹出如下界面：LP1 Z 86.526。输入修改后的数据，点击子菜单区【确认】键，确认修改操作；点击【取消】键，撤销修改。

注意：
① 修改 X、Y、Z 轴数据时，请注意原有数据正负号！
② 建议修改的数据差异不要太大，否则造成机器人动作幅度太大，易发生事故！

3.5.3　全局 I 变量

本监视界面，主要用于监视全局 I 变量的数值。本系统 GI 变量范围：GI00～GI199。

注意：某些 GI 变量已经被系统使用，用户使用的时候请查看最新的"系统定义 GI、GP 变量说明"。

点击【运行准备】→【变量】→【全局 I 变量】，弹出界面如图 3-39 所示。

监视界面中的"值"栏中的数值为：相应变量的当前值。如果需要调整该值，请点击子菜单区【修改当前值】，弹出如下界面：GI0 147483647。输入修改后的数据，点击子菜单区【确认】键，确认修改操作；点击【取消】键，撤销修改。点击【退出】按钮，关闭监视界面。

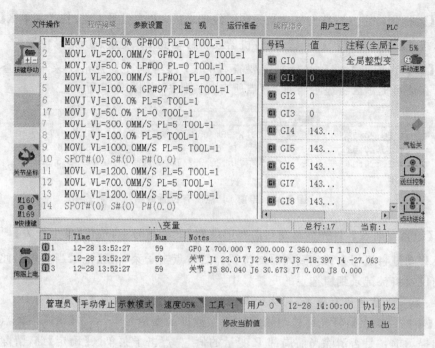

图 3-39 监视全局 I 变量

3.5.4 局部 I 变量

本监视界面,主要用于监视局部 I 变量的数值。本变量与局部 P 变量一样,只有打开的程序中使用了该局部变量,监视界面才会有显示。

点击【运行准备】→【变量】→【局部 I 变量】,弹出界面如图 3-40 所示。

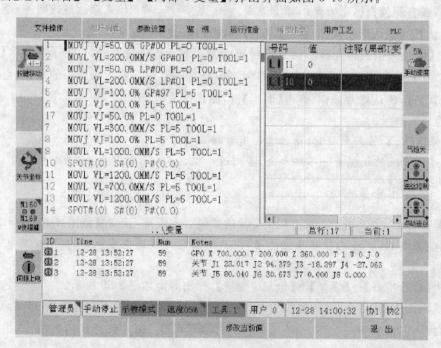

图 3-40 监视局部 I 变量

监视界面中的"值"栏中的数值为:相应变量的当前值。如果需要调整该值,请点击子菜单区【修改当前值】,弹出如下界面: . 输入修改后的数据,点击【确认】键,确认修改操作;点击【取消】键,撤销修改。点击【退出】按钮,关闭监视界面。

3.5.5 全局 D 变量

本监视界面,主要用于监视全局 D 变量的数值。本系统 GD 变量范围:GD00~GD99。点击【运行准备】→【变量】→【全局 D 变量】,弹出界面如图 3-41 所示。

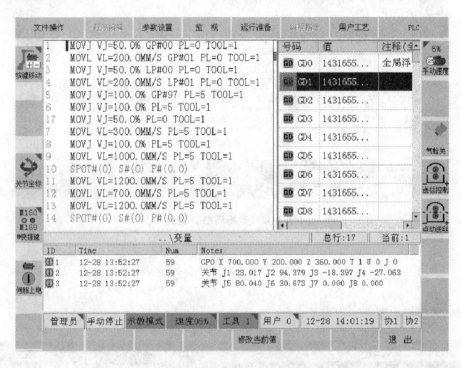

图 3-41 监视全局 D 变量

监视界面中的"值"栏中的数值为:相应变量的当前值。如果需要调整该值,请点击子菜单区【修改当前值】,弹出如下界面: . 输入修改后的数据,点击【确认】键,确认修改操作;点击【取消】键,撤销修改。点击【退出】按钮,关闭监视界面。

3.5.6 局部 D 变量

本监视界面,主要用于监视局部 D 变量的数值。本变量与局部 P 变量一样,只有打开的程序中使用了该局部变量,监视界面才会有显示。

点击【运行准备】→【变量】→【局部 D 变量】,弹出界面如图 3-42 所示。

监视界面中的"值"栏中的数值为:相应变量的当前值。如果需要调整该值,请点击子菜单区【修改当前值】,弹出如下界面: . 输入修改后的数据,点击子菜单区【确认】键,确认修改操作;点击【取消】键,撤销修改。点击【退出】按钮,关闭监视界面。

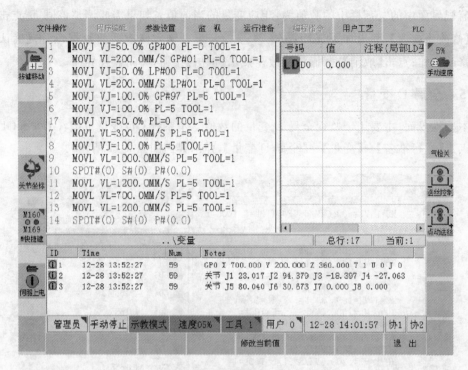

图 3-42 监视局部 D 变量

3.6 I/O 信号

I/O 转接板如图 3-43 所示。

图 3-43 I/O 转接板

I/O 转接板主要是通过 I/O 信号 X00-X22 和 Y00-Y22 进行转接,其中 Y00-Y07 进行了继电器转接输出,继电器触点容量最大为 2 A。选配区域为模拟量隔离部分,当模拟量连接焊接时,这部分回路可以隔离两路模拟量。

注意：

① 该板子的 TX 端子连接必须采用 H 形端子，并经专用钳子压线，防止接线不牢固。

② 当采用外部电源供电，TX3 端子不与系统+24 V 输出端子相连，改接外部电源端。

③ TX1、TX2 端子上的+24 V、GND 信号与 TX3 的+24 V、GND 信号是相通的，用于外接开关、电器等设备。

J24 I/O-IN 引脚定义见表 3-2。J23 I/O-OUT 引脚定义见表 3-3。TX1 I/O-OUT 端子定义见表 3-4。TX2 I/O-IN 端子定义见表 3-5。TX3 POWER INPOUT 电源端子定义见表 3-6。

表 3-2　J24 I/O-IN 引脚定义

引脚	名称	定义	有效状态
作用：J24 通过配套"I/O 信号输入线缆"与主机 Input 接口连接			
1	X00	通用输入口	低电平(0 V)有效
2	X02	通用输入口	低电平(0 V)有效
3	X04	通用输入口	低电平(0 V)有效
4	X06	通用输入口	低电平(0 V)有效
5	X08	通用输入口	低电平(0 V)有效
6	X10	通用输入口	低电平(0 V)有效
7	X12	通用输入口	低电平(0 V)有效
8	X14	通用输入口	低电平(0 V)有效
9	X16	通用输入口	低电平(0 V)有效
10	X18	通用输入口	低电平(0 V)有效
11	X20	通用输入口	低电平(0 V)有效
12	X22	通用输入口	低电平(0 V)有效
13	GND	地线 0 V	向系统供电
14	X001	通用输入口	低电平(0 V)有效
15	X003	通用输入口	低电平(0 V)有效
16	X005	通用输入口	低电平(0 V)有效
17	X007	通用输入口	低电平(0 V)有效
18	X009	通用输入口	低电平(0 V)有效
19	X011	通用输入口	低电平(0 V)有效
20	X013	通用输入口	低电平(0 V)有效
21	X015	通用输入口	低电平(0 V)有效
22	X017	通用输入口	低电平(0 V)有效
23	X019	通用输入口	低电平(0 V)有效
24	X021	通用输入口	低电平(0 V)有效
25	GND	地线 0 V	向系统供电

表 3-3　J23 I/O-OUT 引脚定义

作用:J23 通过配套"I/O 信号输出线缆"与主机 Output 接口连接			
引脚	名称	定义	有效状态
1	Y00	通用输出口	低电平(0 V)有效
2	Y02	通用输出口	低电平(0 V)有效
3	Y04	通用输出口	低电平(0 V)有效
4	Y06	通用输出口	低电平(0 V)有效
5	Y08	通用输出口	低电平(0 V)有效
6	Y10	通用输出口	低电平(0 V)有效
7	Y12	通用输出口	低电平(0 V)有效
8	Y14	通用输出口	低电平(0 V)有效
9	Y16	通用输出口	低电平(0 V)有效
10	Y18	通用输出口	低电平(0 V)有效
11	Y20	通用输出口	低电平(0 V)有效
12	Y22	通用输出口	低电平(0 V)有效
13	+24 V	24 V 电源	向系统供电
14	Y001	通用输出口	低电平(0 V)有效
15	Y003	通用输出口	低电平(0 V)有效
16	Y005	通用输出口	低电平(0 V)有效
17	Y007	通用输出口	低电平(0 V)有效
18	Y009	通用输出口	低电平(0 V)有效
19	Y011	通用输出口	低电平(0 V)有效
20	Y013	通用输出口	低电平(0 V)有效
21	Y015	通用输出口	低电平(0 V)有效
22	Y017	通用输出口	低电平(0 V)有效
23	Y019	通用输出口	低电平(0 V)有效
24	Y021	通用输出口	低电平(0 V)有效
25	+24 V	24 V 电源	向系统供电

表 3-4　TX1 I/O-OUT 端子定义

TX1 输出信号			
端子引脚	名称	定义	有效状态
1	Y08	通用输出口	低电平(0 V)有效,最大输出电流 200 mA
2	Y09	通用输出口	低电平(0 V)有效,最大输出电流 200 mA
3	Y10	通用输出口	低电平(0 V)有效,最大输出电流 200 mA
4	Y11	通用输出口	低电平(0 V)有效,最大输出电流 200 mA

续表 3-4

TX1 输出信号

端子引脚	名称	定义	有效状态
5	Y12	通用输出口	低电平(0 V)有效,最大输出电流 200 mA
6	Y13	通用输出口	低电平(0 V)有效,最大输出电流 200 mA
7	Y14	通用输出口	低电平(0 V)有效,最大输出电流 200 mA
8	Y15	通用输出口	低电平(0 V)有效,最大输出电流 200 mA
9	Y16	通用输出口	低电平(0 V)有效,最大输出电流 200 mA
10	Y17	通用输出口	低电平(0 V)有效,最大输出电流 200 mA
11	Y18	通用输出口	低电平(0 V)有效,最大输出电流 200 mA
12	Y19	通用输出口	低电平(0 V)有效,最大输出电流 200 mA
13	Y20	通用输出口	低电平(0 V)有效,最大输出电流 200 mA
14	Y21	通用输出口	低电平(0 V)有效,最大输出电流 200 mA
15	Y22	通用输出口	低电平(0 V)有效,最大输出电流 200 mA
16			
17	GND	地线 0 V	
18	Y009	地线 0 V	
19	+24 V	输出+24 V	
20	+24 V	输出+24 V	

表 3-5　TX2 I/O-IN 端子定义

TX2 输入端子

端子引脚	名称	定义	有效状态
1	X00	通用输入口	低电平(0 V)有效
2	X01	通用输入口	低电平(0 V)有效
3	X02	通用输入口	低电平(0 V)有效
4	X03	通用输入口	低电平(0 V)有效
5	X04	通用输入口	低电平(0 V)有效
6	X05	通用输入口	低电平(0 V)有效
7	X06	通用输入口	低电平(0 V)有效
8	X07	通用输入口	低电平(0 V)有效
9	X08	通用输入口	低电平(0 V)有效
10	X09	通用输入口	低电平(0 V)有效
11	X10	通用输入口	低电平(0 V)有效

续表 3-5

端子引脚	名称	定义	有效状态
	TX2 输入端子		
12	X11	通用输入口	低电平(0 V)有效
13	X12	通用输入口	低电平(0 V)有效
14	X13	通用输入口	低电平(0 V)有效
15	X14	通用输入口	低电平(0 V)有效
16	X15	通用输入口	低电平(0 V)有效
17	X16	通用输入口	低电平(0 V)有效
18	X17	通用输入口	低电平(0 V)有效
19	X18	通用输入口	低电平(0 V)有效
20	X19	通用输入口	低电平(0 V)有效
21	X20	通用输入口	低电平(0 V)有效
22	X21	通用输入口	低电平(0 V)有效
23	X22	通用输入口	低电平(0 V)有效
24			
25	GND	地线 0 V	
26	GND	地线 0 V	
27	+24V	输出+24V	
28	+24V	输出+24V	

表 3-6 TX3 POWER INPOUT 电源端子定义

端子引脚	名称	定义	有效状态
	TX3 POWER INPOUT 电源端子		
1	+24 V	I/O 接口电源正端	\
2	GND	I/O 接口电源负端	\
3	PE	接地	\

说明：
① I/O 接口电源为+24 V，该电源可由系统提供，连接主机"+24 V 输出"规格为 2 A。
② 若遇到系统提供的+24 V 容量不够，或方便与外部设备连接，需要采用外部电源的情况，该接口直接接外部电源模块即可，同时就不能再与系统主机的电源模块相连接了。
③ 当采用外部电源时，I/O 接口的电源不能与系统的其他 24 V 接口电源混用。

数字端子定义见表 3-7。

表 3-7 数字端子定义

TX4 Y00

端子引脚	名称	定义	有效状态
1	Y00O	Y00 继电器输出常开	\
2	Y00G	Y00 继电器输出公共端	\
3	Y00C	Y00 继电器输出常闭	\

TX5 Y01

端子引脚	名称	定义	有效状态
1	Y01O	Y01 继电器输出常开	\
2	Y01G	Y01 继电器输出公共端	\
3	Y01C	Y01 继电器输出常闭	\

TX6 Y02

端子引脚	名称	定义	有效状态
1	Y02O	Y02 继电器输出常开	\
2	Y02G	Y02 继电器输出公共端	\
3	Y02C	Y02 继电器输出常闭	\

TX7 Y03

端子引脚	名称	定义	有效状态
1	Y03O	Y03 继电器输出常开	\
2	Y03G	Y03 继电器输出公共端	\
3	Y03C	Y03 继电器输出常闭	\

TX8 Y04

端子引脚	名称	定义	有效状态
1	Y04O	Y04 继电器输出常开	\
2	Y04G	Y04 继电器输出公共端	\
3	Y04C	Y04 继电器输出常闭	\

TX9 Y05

端子引脚	名称	定义	有效状态
1	Y05O	Y05 继电器输出常开	\
2	Y05G	Y05 继电器输出公共端	\
3	Y05C	Y05 继电器输出常闭	\

续表 3-7

		TX10 Y06	
端子引脚	名称	定义	有效状态
1	Y06O	Y06 继电器输出常开	\
2	Y06G	Y06 继电器输出公共端	\
3	Y06C	Y06 继电器输出常闭	\
		TX11 Y07	
端子引脚	名称	定义	有效状态
1	Y07O	Y07 继电器输出常开	\
2	Y07G	Y07 继电器输出公共端	\
3	Y07C	Y07 继电器输出常闭	\

注意：

① 模拟量隔离板为选配件，用于隔离系统模拟量与焊机输入模拟量，防止干扰。

② 在未选配模拟量隔离板时，客户也可直接将系统 AVO 接到焊机输入端进行测试。正式使用时，强烈建议使用模拟量隔离板。

模拟端子定义见表 3-8。

表 3-8 模拟端子定义

		TX12 模拟量输入端，与主机 AVO 接口连接	
端子引脚	名称	定义	有效状态
1	24 V	+24 V 输入	\
2	GND	0 V 输入	\
3	DA1	DA1 模拟量输入	\
4	DA2	DA2 模拟量输入	\
		TX13 连接焊接电流控制端，为焊机提供电流控制，为隔离板输出端	
端子引脚	名称	定义	有效状态
1	DA1+	焊接电流输出正端	\
2	DA1−	焊接电流输出负端	\
		TX14 连接焊接电压控制端，为焊机提供电压控制，为隔离板输出端	
端子引脚	名称	定义	有效状态
1	DA2+	焊接电压输出正端	\
2	DA2−	焊接电压输出负端	\

3.7 新建程序

程序编辑功能主要包括程序列表编辑功能、程序编辑界面编辑功能。其中,程序列表编辑功能主要用于程序的新建、更名、备份、加密/解密、删除、打开U盘、打开、拷贝到U盘等操作,如图3-44所示;程序编辑界面编辑功能,主要用于程序行的复制、粘贴、剪切、删除、查找、替换、转到、程序行排序、程序复位等功能。

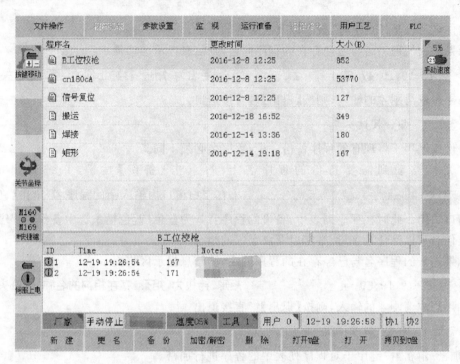

图3-44 程序列表编辑界面

3.7.1 程序列表编辑功能

3.7.1.1 新建程序按键

新建程序按键用于新建程序,编辑工作程序。

点击本按钮后,将弹出新建程序窗口 新建程序名 ,在空白处输入程序名称后,单击【确定】,输入窗口关闭。此时在程序列表中,刚刚新建的程序背景为蓝色(蓝色横条选中新建的程序)。

如果输入的程序名为程序列表已经存在的程序,则光标直接跳到该程序名对应程序上高亮蓝色显示。

文件名可以是任意字母、数字以及汉字等的组合。

说明:汉字输入需要在弹出的软键盘上点击蓝色的 中 ,变为棕色后即可使用智能拼音输入汉字,屏幕会显示 标准 图标。

如果想取消刚才的输入,则按【退出】键直接退出。

3.7.1.2 更名按键

【更名】按键用于改变现有程序的程序名。

本操作需要先将光标移动到需要修改名称的程序名上,再点击【退出】按键,系统弹出窗口:▇重命名 矩形 文件为▇▇▇▇▇,在空白窗口内输入修改后的程序名,点击【确定】,输入窗口关闭,此时在程序列表中,更名的程序背景为蓝色(蓝色横条选中更名的程序)。

文件名可以是任意字母、数字以及汉字等的组合。

如果输入的程序名与已经存在的程序同名,则信息提示区将提示:

ⓘ5　12-19 19:47:23　　1　　矩形 更名为 矩形 存在相同的名称,更名失败!

如果想取消刚才的输入,则按【退出】键直接退出。

3.7.1.3 备份按键

备份按键用于将现有的程序备份一个,程序名必须不同。

将光标移动到需要备份的程序名上,再点击【备份】按键,系统弹出窗口:▇备份 矩形 文件为▇▇▇▇▇,在空白窗口内输入新的程序名,单击【确定】,输入窗口关闭。此时在程序列表中,备份的程序背景为蓝色(蓝色横条选中备份的程序)。

文件名可以是任意字母、数字以及汉字等的组合。

如果输入的程序名与已经存在的程序同名,则信息提示区将提示:

ⓘ7　12-19 19:59:44　　1　　矩形 拷贝为 矩形 存在相同的名称,备份失败!

如果想取消刚才的输入,则按【退出】键直接退出。

3.7.1.4 加密/解密按键

【加密/解密】按键用于对程序列表中的程序进行加密。

将光标移动到需要加密的程序名上,再点击【加密/解密】按键,程序直接被加密,程序名上出现一把粉红色的锁▇ 矩形　　　　2016-12-14 19:18　　　　167　　▇。

如果想取消加密,将光标移动到需要解密的程序名上,再点击【加密/解密】按键,程序直接解密,红色锁消失▇ 矩形　　　　2016-12-14 19:18　　　　167　　▇。

说明:加密/解密只有集成厂商以及厂家拥有此权限。其他权限,此按键不显示,为空白。

3.7.1.5 删除按键

【删除】按键用于删除程序列表中的程序。

将光标移动到需要删除的程序名上,再点击【删除】按键,系统弹出窗口:▇是否删除 矩形 程序?▇,点击【是】,确认删除程序,该程序从列表删除。如果想取消,则点击【否】键直接退出。

说明:删除程序的操作不可恢复,请慎重使用!

3.7.1.6 打开U盘按键

【打开U盘】按键用于打开U盘(主机上插入的U盘,并识别成功),从U盘拷贝程序到系统。本列表仅显示系统可识别的用户程序,其他文件将不会显示。如果 U 盘未插入或插入未识别,系统将提示:"请检查 U 盘是否插入,或者已经卸载"。此时需要重新插入一次 U 盘。

"打开 U 盘"界面如图 3-45 所示。

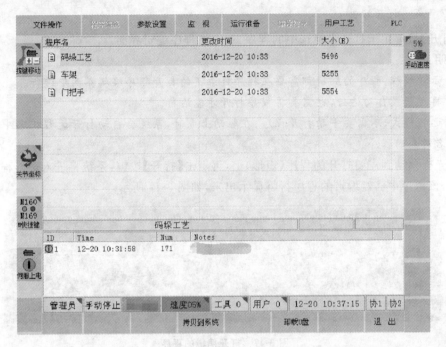

图 3-45 "打开 U 盘"界面

(1) 拷贝到系统按键

【拷贝到系统】按键用于将 U 盘中选中的程序拷贝到系统。点击此按键,系统弹出如下界面:是否从U盘拷贝 码垛工艺 到系统?。点击【是】,光标选中的程序将被拷贝到系统。提示栏提示××××文件拷贝到系统成功, 2 12-20 10:52:16   405   码垛工艺 文件拷贝到系统成功。

点击【退出】按键,回到程序列表,码垛工艺程序已经拷贝到系统,如图 3-46 所示。

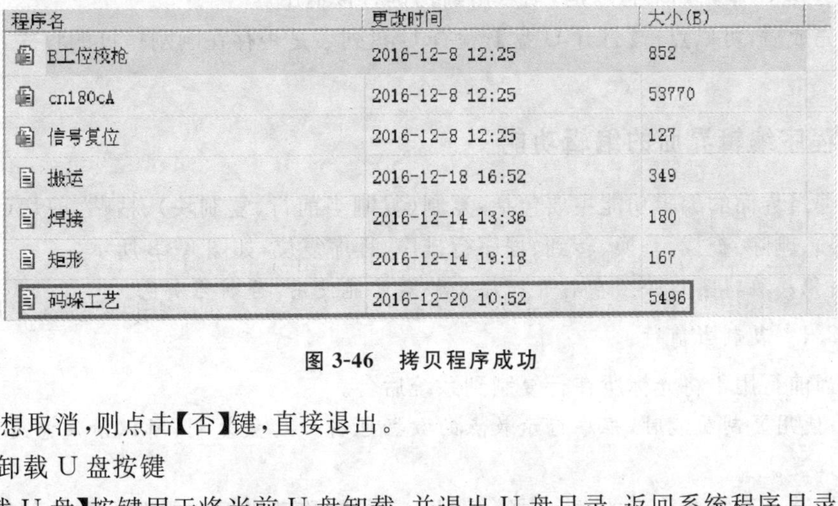

图 3-46 拷贝程序成功

如果想取消,则点击【否】键,直接退出。

(2) 卸载 U 盘按键

【卸载 U 盘】按键用于将当前 U 盘卸载,并退出 U 盘目录,返回系统程序目录列表。信息栏提示:"U 盘卸载成功"。

(3) 退出按键

【退出】按键用于直接退出 U 盘目录,返回系统程序目录列表。

3.7.1.7 打开按键

【打开】按键用于打开光标选中的程序,进入该程序编辑界面。

说明:

① 示教编程,程序的编辑都需要在程序目录下的打开程序编辑界面中进行。

② 再现模式自动运行,也需要将程序打开才能运行。

③ 远程模式,不需要手动打开程序;在驱动上电时,系统会自动打开远程工艺中设定的与程序名对应的程序。

将光标移动到需要打开的程序(矩形)上,再点击【打开】按键,系统将进入矩形程序的编辑界面,该程序中已经编辑的程序行将显示出来,如图 3-47 所示。

```
1  MOVJ VJ=50.0% PL=9
2  MOVJ VJ=50.0% PL=0
3  MOVL VL=200.0MM/S PL=0
4  MOVL VL=200.0MM/S PL=0
5  MOVL VL=200.0MM/S PL=0
6  MOVL VL=200.0MM/S PL=0
7  MOVL VL=200.0MM/S PL=0
8  MOVL VL=400.0MM/S PL=9
```

图 3-47 打开编辑的程序

3.7.1.8 拷贝到 U 盘按键

【拷贝到 U 盘】按键用于将程序列表中需要拷贝的文件拷贝到 U 盘,备份或者拷贝到其他系统上使用(同机型)。

将 U 盘插入系统主机 USB 接口上,然后将光标移动到需要拷贝的程序上,点击【拷贝到 U 盘】按键,系统将弹出绿色对话框 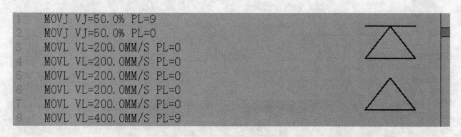 。点击【是】,光标选中的程序将拷贝并发送到 U 盘。如果想取消,则点击【否】键直接退出。

拷贝完成后,可以点击【打开 U 盘】,检查 U 盘列表是否存在刚刚拷贝的程序,拷贝操作是否完成。

3.7.2 程序编辑界面的编辑功能

程序编辑界面的编辑功能主要包括:复制(复制当前行、复制块)、粘贴、剪切(剪切当前行、剪切块)、删除、查找、替换、转到、程序行排序、程序复位,如图 3-48 所示。

说明:程序编辑窗口必须在打开程序文件后才能使用,否则为灰色。

3.7.2.1 复制当前行

复制当前行用于将光标所在行复制到系统后台。

注意:使用复制功能时,程序行示教点的数据也将一起被复制,所以请注意复制后程序行的运行位置。

将光标移动到需要拷贝的行,选择【复制当前行】;移动光标到需要粘贴的位置后,使用

项目3 工业机器人编程准备

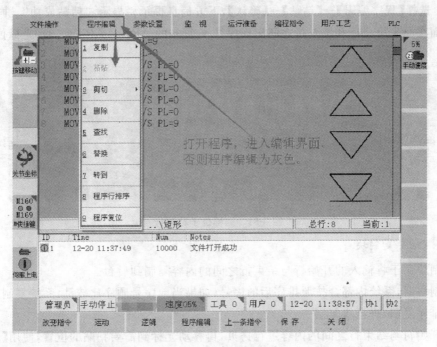

图 3-48 程序编辑界面

【粘贴】功能,将之前拷贝的行内容粘贴到光标行上方。例:将第 4 行的 ARCSTART#(0),拷贝到第 8 行上方,具体操作如下:

(1) 首先将光标移动到第 4 行,如图 3-49 所示。

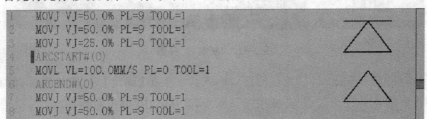

图 3-49 光标移动到第 4 行

(2) 选择【程序编辑】→【复制】→【复制当前行】→【确认】,下方信息提示栏提示:"多行程序拷贝成功"。

(3) 将光标移动到第 8 行,如图 3-50 所示。

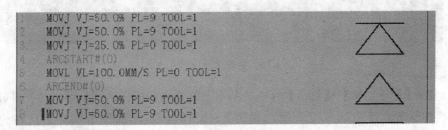

图 3-50 光标移动到第 8 行

(4) 选择【程序编辑】→【粘贴】→【确认】,下方信息提示栏提示:"粘贴成功"。同时程序编辑界面在原来第 7 行和第 8 行之间出现序号 4:复制的 ARCSTART#(0),光标位于粘贴行,如图 3-51 所示。

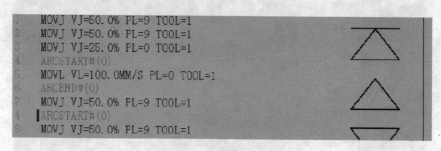

图 3-51 光标位于粘贴行

3.7.2.2 复制块

复制块用于将输入的开始行与结束行之间的内容复制到后台。

复制块时,系统内部会按照排序后的序号(如果当前序号顺序比较乱,系统复制块时,内部自动排序复制)进行块复制。

将开始行与结束行之间的内容进行拷贝,再移动光标到需要粘贴的位置,使用【粘贴】功能,将拷贝的块内容粘贴到光标上方。如:将第 2~3 行之间的内容拷贝,再粘贴到第 8 行上方。具体步骤操作如下:

(1) 选择【程序编辑】→【复制】→【复制块】→【确认】,弹出界面如图 3-52 所示。

图 3-52 "复制块"界面

在开始行的窗口输入:2,结束行的窗口输入:3。点击【确定】键,确认拷贝,信息提示栏提示:"多行程序拷贝成功"。如需撤销拷贝操作,直接点击【取消】键,退出。

(2) 将光标移动到第 8 行,如图 3-53 所示。

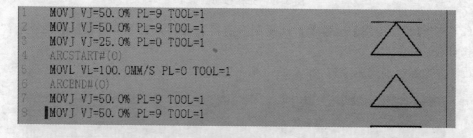

图 3-53 光标移动到第 8 行

(3) 选择【程序编辑】→【粘贴】→【确认】,下方信息提示栏提示:"粘贴成功"。同时程序编辑界面在原第 7 行和第 8 行之间出现第 2~3 行内容,光标位于粘贴前所在位置,如图 3-54 所示。

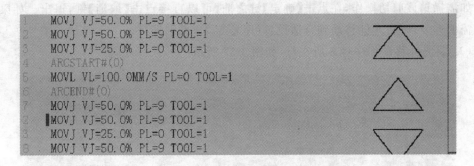

图 3-54 光标位于粘贴前所在位置

3.7.2.3 粘贴

粘贴用于将复制或剪切后的内容,粘贴到光标所在位置。

注意:只有进行复制或剪切操作,此按键才有效,否则,此按键为灰色。在执行下次剪切或者复制前,复制或者剪切到后台的内容可以循环粘贴(重新启动后无效)。

3.7.2.4 剪切当前行

剪切当前行用于将光标所在行的内容复制到后台的同时删除当前行。

将光标移动到需要剪切的行,然后点击【剪切当前行】;程序行的内容被复制到后台,并且当前行被删除。将光标移动到需要粘贴的位置,点击【粘贴】,则刚刚剪切行的内容将被粘贴到当前位置。例:将第 4 行的 ARCSTART#(0),剪切到第 8 行上方。具体操作如下:

(1) 将光标移动到第 4 行,如图 3-55 所示。

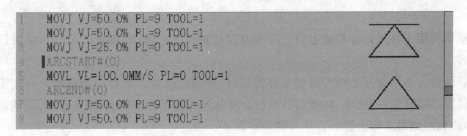

图 3-55 光标移动到第 4 行

(2) 点击【程序编辑】→【剪切】→【剪切当前行】→【确定】。系统提示:"当前行剪切成功"。此时原第 4 行的内容:ARCSTART#(0),被复制到后台,程序编辑界面中该行内容被删除,如图 3-56 所示。

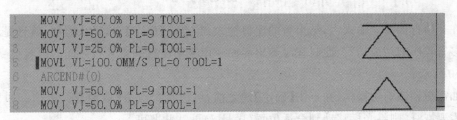

图 3-56 剪切当前行

如需撤销该剪切操作,在点击【确定】键之前,可以直接点击【取消】键,退出。如果已经剪切需要恢复,则将光标移动到合适位置(序号5),再粘贴即可。

(3) 将光标移动到序号8所在行,如图3-57所示。

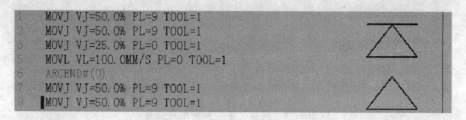

图3-57 光标移动到序号8

点击【程序编辑】→【粘贴】→【确定】,此时刚被剪切的程序行内容将显示在原第8行的上方,如图3-58所示。

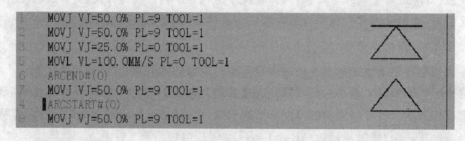

图3-58 粘贴

3.7.2.5 剪切块

剪切块用于将开始行和结束行之间的内容复制到后台,同时删除开始行和结束行之间的内容。

将开始行与结束行之间的内容复制到后台,并删除该部分内容。再移动光标到需要粘贴的位置,使用【粘贴】功能,将剪切的块内容粘贴到光标下方。例:将第4~6行之间的内容剪切,再粘贴到第8行上方。具体步骤操作如下:

(1) 选择【程序编辑】→【剪切】→【剪切块】→【确认】,弹出界面如图3-59所示。

图3-59 【剪切块】界面

在开始行的窗口输入:4,结束行的窗口输入:6,点击【确定】键,确认剪切,信息提示栏提示:"多行程序剪切成功"。此时程序编辑界面中原来第4行到第6行之间的内容被删除,如图3-60所示。

如需撤销该剪切操作,在点击【确定】键之前,可以直接点击【取消】键,退出。如果已经剪切需要恢复,则将光标移动到合适位置(序号7)再粘贴即可。

(2) 将光标移动到第8行,如图3-61所示。

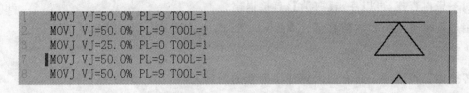

图 3-60 多行程序剪切成功

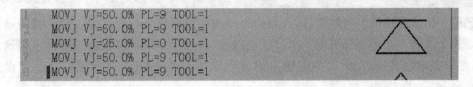

图 3-61 光标移动到第 8 行

(3) 选择【程序编辑】→【粘贴】→【确认】，下方信息提示栏提示："粘贴成功"。同时程序编辑界面在原第 7 行和第 8 行之间出现第 4~6 行内容，光标位于序号 7 下一行位置，如图 3-62 所示。

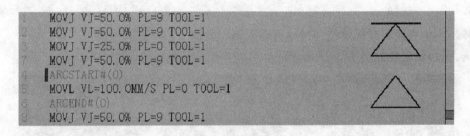

图 3-62 粘贴成功

3.7.2.6 删除

删除用于删除光标所在行程序。

注意：删除程序行的操作不可恢复，请慎重使用！

将光标移动到需要删除的程序行，点击【程序编辑】→【删除】→【确认】。

如需撤销该剪切操作，在点击【确定】键之前，可以直接点击【取消】键，退出。

切记：点击【确定】后，删除的程序行将无法恢复！

3.7.2.7 查找

查找用于查找程序内容，光标移动到查找到的内容所在行。

首先将光标移动到第一行，然后点击【程序编辑】→【查找】→【确定】，系统弹出如下界面：查找 PL· 　　　。选择需要查找的附加项，然后再输入附加项数据，再点击【查找】，系统开始往下查找。光标移动到第一个与设定内容相符的附加项，系统提示："查找成功"。如果查找的附加项程序中不存在，则系统提示："没有找到"。

如果有多个相符的附加项，则点击一次【查找】按钮，光标将从当前位置移动到下一个相符附加项所在行，以此类推。

如不想再查找，可以点击【取消】，直接退出。

用户可以查找的附加项有：PL、VJ、VL、X、Y、M、GP、LP、GD、LD、GI、LI。

3.7.2.8 替换

替换用于将程序中原有的内容替换为新的内容。

首先将光标移动到第一行，然后点击【程序编辑】→【替换】→【确定】，系统弹出如下界面：被替换数字 PL - 9 替换为 6 。选择需要替换的附加项，在被替换数字 PL 后白色框中输入附加项原有数据：9，在替换为后的空白框输入新数据：6，再点击【替换】，系统开始往下查找。光标移动到第一个与设定内容相符的附加项，将附加项的内容替换为新内容，系统提示："替换成功"。如果输入的旧附加项程序中不存在，则系统提示："没有找到"。

如果有多个相符的附加项需要替换，则点击一次【替换】按键，系统将从当前位置开始，继续往下查找最靠近的相符附加项并替换。以此类推，直到程序全部替换完成。

如不想再替换，可以点击【取消】，直接退出。

用户可以替换的附加项有：PL、VJ、VL、X、Y、M、GP、LP、GD、LD、GI、LI。

3.7.2.9 转到

转到用于直接将光标定位到窗口所输入的行数前。

例：通过转到功能将图 3-63 所示光标移动到第 6 行前。

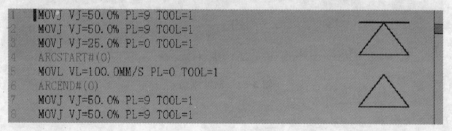

图 3-63　光标当前位置

点击【程序编辑】→【转到】→【确定】，系统弹出如下界面：跳转程序行 　　　　。在窗口中输入数字：6，再点击【转到】，光标将移动到第 6 行。如图 3-64 所示。

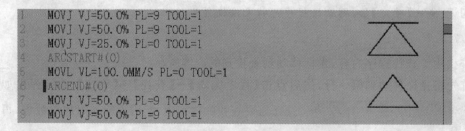

图 3-64　光标移动到第 6 行

如果在弹出跳转程序行窗口后，不想使用转到功能，可以点击【取消】，直接退出。

3.7.2.10 程序行排序

程序顺序编辑完成后,途中插入新的指令行或者剪切、复制、粘贴后,程序编号错乱,点击【程序行排序】,程序重新按照顺序排列。具体操作如下:

插入一条新的指令,如图3-65所示。

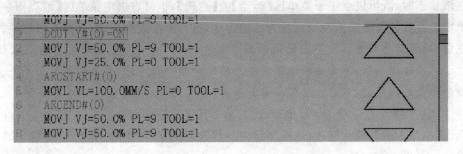

图3-65 插入一条新的指令

点击【程序行排序】,系统自动将程序重新按照顺序排序,如图3-66所示。

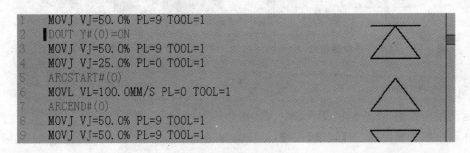

图3-66 程序行排序

3.7.2.11 程序复位

程序复位用于对状态进行撤销(焊接中断弧后,想要从第一行运行程序,必须点击复位,否则系统提示错误信息,停止运行)。

3.8 程序编辑

3.8.1 改变指令

改变指令用于改变程序中已经编辑完成的指令(如速度、平滑度、附加项、位置等)。将光标移动到需要修改的程序行,点击【改变指令】键,系统将弹出当前程序行的编辑界面,用户修改完成后,点击【指令正确】确认修改;也可点击【取消】取消修改。

修改图3-67中第2行已有程序行。

具体步骤如下:

首先将光标移动到第2行,点击【改变指令】,系统弹出该程序行修改窗口,如图3-68所示。

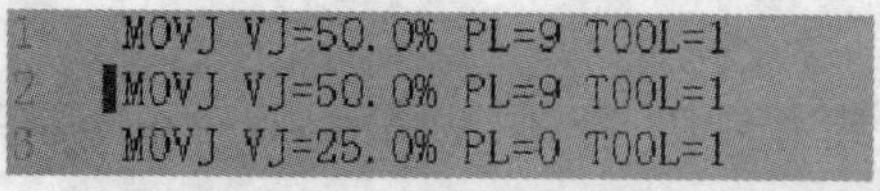

1 MOVJ VJ=50.0% PL=9 TOOL=1
2 MOVJ VJ=50.0% PL=9 TOOL=1
3 MOVJ VJ=25.0% PL=0 TOOL=1

图 3-67 改变指令

MOVJ
VJ 50.0 PL 9

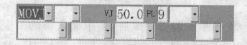

图 3-68 程序行修改窗口

在该状态时，既可以点击子菜单区【运动】或【逻辑】，也可点击主菜单区【编程指令】在下列菜单中选择其他指令来修改当前行为其他指令，也可不修改指令，而只修改附加项。

注意：对于需要修改位置姿态的运动指令程序行，需要按住安全开关才能记录位置姿态。对于只修改附加项，不需要修改位置姿态的运动指令程序行，不用按住安全开关。对于运动指令之外的程序行，不需要按住安全开关。

将 VJ 速度修改为：30%。PL 值修改为：5，如图 3-69 所示。

点击【指令正确】，确认修改，该程序行内容修改后见图 3-70；也可以点击【指令退出】取消修改。

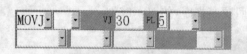

MOVJ
VJ 30 PL 5

图 3-69 程序行修改后窗口

1 MOVJ VJ=50.0% PL=9 TOOL=1
2 MOVJ VJ=30.0% PL=5 TOOL=1
3 MOVJ VJ=25.0% PL=0 TOOL=1

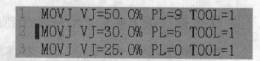

图 3-70 程序行内容修改后

3.8.2 运动

运动用于调用 MOVJ、MOVL、MOVC 指令。

在程序编辑界面，点击【运动】按键，系统将弹出运动指令窗口如下（可通过点击【编程指令】→【运动】→【MOVJ】→【确认】调用）：
MOVJ
VJ 30.0 PL 5

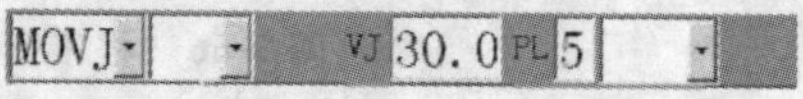

多次点击本按钮，则指令将按照【编程指令】→【运动】→【确认】弹出列表中的指令顺序变化，如 MOVJ-MOVL-MOVC-MOVJ……

3.8.3 逻辑

逻辑用于调用逻辑指令 DOUT、AOUT、WAIT、TIME 等指令。

在程序编辑界面，点击【逻辑】按键，系统将弹出逻辑指令窗口如下（可通过点击【编程指令】→【逻辑】→【DOUT】→【确认】调用）：
DOUT Y 0 = ON

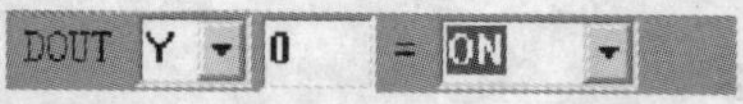

多次点击本按钮，则指令将按照【编程指令】→【逻辑】→【确认】弹出列表中的指令顺序变化，如 DOUT-AOUT-WAIT-TIME-PAUSE-JUMP……

3.8.4 打开工艺

当程序行使用了 CALL 指令，同时 CALL 指令后调用的是工艺文件（一般喷涂轨迹）时，使用本按钮就可以直接打开该工艺界面。

光标选中 CALL 指令所在指令行
1 CALL pentufile\\1
，点击【打开工艺】按键，打开后，弹出界面如图 3-71 所示。

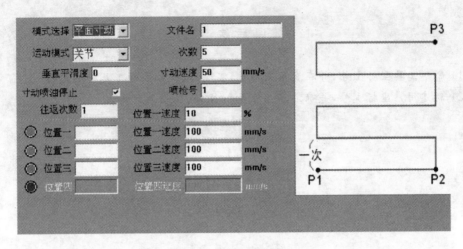

图 3-71 喷涂轨迹界面

注意：【参数设置】→【机构参数】中设置工艺参数为1、2、3中任何一个数字（工艺），打开程序才会显示【打开工艺】按键，否则在同一位置显示【程序编辑】。

3.8.5 上一条指令

上一条指令按钮的主要作用就是方便用户在连续使用某一指令编程序时，快速调用。当在使用本按钮之前调用过其他指令时，再点击本按钮，将弹出最近一次调用的指令窗口。程序编辑界面已经使用MOVJ生成了一条程序行：MOVJ VJ=50.0% PL=9。再次点击【上一条指令】按钮，就弹出上次使用的MOVJ指令窗口：MOVJ - VJ 50 PL 9 -。

3.8.6 保存

保存用于保存当前打开的程序。

程序编辑完成后，点击【保存】按键保存程序。在信息提示区提示："文件保存成功"。

3.8.7 关闭

关闭用于关闭当前打开的程序。

点击【关闭】按键，程序编辑界面关闭，如果之前没有保存程序，则编辑的程序内容将可能丢失。

课后练习

(1) 新建工具坐标 1 号,并在直角坐标下,实现 A、B、C 围绕工具尖端旋转。

(2) 新建用户坐标 1 号,并确定零点位置和 X 轴、Y 轴的方向。

项目 4 南大机器人初级编程

4.1 编程指令介绍

南大机器人的编程方法：

(1) 将模式开关拨到示教(TEACH)模式。

(2) 切换到程序列表界面，新建或打开已有程序。

(3) 点击主菜单中的【编程指令】键，或者功能键区域的对应键【运动】或【逻辑】调用常用指令。使用功能区按键时，重复点击按键，将调用该目录下不同指令。点击【上一条指令】调用上次使用的指令。

(4) 输入正确指令参数后，按住安全开关，再点击【指令正确】输入指令；点击【指令退出】取消指令输入。如图 4-1 所示。

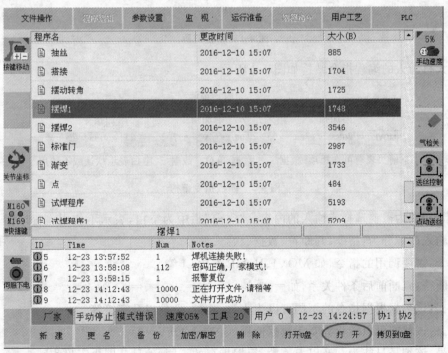

(a)

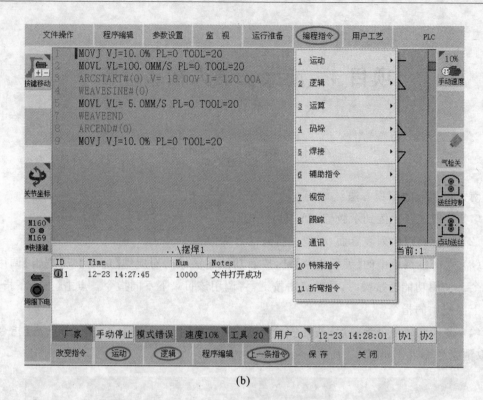

(b)

图 4-1 编程流程

南大机器人的编程指令结构如图 4-2 所示。

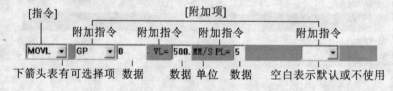

图 4-2 编程指令结构

【指令】中为需要选择或输入的内容。"空白"栏中为空白,表示不使用。程序指令行可选择或输入内容分为:指令、判断符、数据、状态、编号。

指令:需要调用的指令,如 MOVJ、JUMP、GP、LI 等。

判断符:判断前后条件关系,如==、>、<、>=、<=、=。

数据:该数据根据指令的不同可以为小数、整数、负数以及字符等。

状态:该状态可以转化为 0、1 数据使用(ON=1,OFF=0)。

编号:该编号只能为 0 及以上整数,根据指令的不同,编号范围也不尽相同。

各个指令所带的附加项不尽相同,输入指令时请加以注意。带有下箭头标志,该位置内容只能通过上下键选择,不可直接输入;否则可能发生错误。附加指令的位置有多个指令时,请根据实际情况加以选择。

其中附加项说明见表 4-1。

表 4-1 指令附加项说明

附加项格式、定义	说　明
VJ=〈百分比〉：关节运行速度	单位%，最大值为100%。实际轴速度=参数中轴运动最高速度×VJ×自动运行倍率
VL=〈直线运行速度〉：直线运行速度	单位mm/s，最大值为参数设定直线运动最高速度。实际运行速度=直线运动最高速度×VL×自动运行倍率
PL=〈平滑度〉：平滑度	范围0~9。简单地说就是过渡的弧度，确定是以直角方式过渡还是以圆弧方式过渡。假如两条直线要连接起来，怎么连接，就需要对此变量进行设置。PL数值选择参考下图 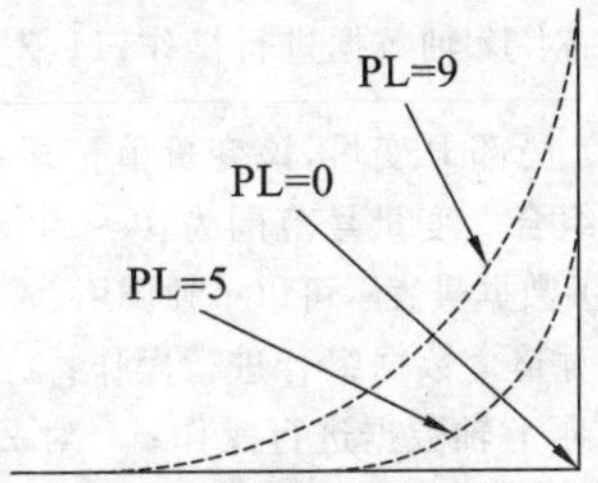 PL=9　PL=0　PL=5
UNITL〈条件〉：条件判断	(1) 如果条件满足，则停止当前运行的程序行，转入下一行程序执行；如果条件不满足，则一直执行到该程序行结束，然后再转入下一行程序执行。 (2) 可用于判断的参数有：X〈变量号〉、M〈变量号〉、T〈变量号〉、C〈变量号〉；用户判断的条件为有效(ON=1)、无效(OFF=0)。如：UNTILX♯(0)==ON 判断X0口是否有效；UNTILM♯(3)==OFF 判断M3辅助继电器是否无效
X〈变量号〉：通用输入口	通用输入X接口，该接口对应硬件物理接口，为状态变量(ON=1，OFF=0)，范围：0~111
M〈变量号〉：内部辅助继电器	内部辅助M继电器。该继电器为状态变量(ON=1，OFF=0)，范围：0~800
GI〈变量号〉：全局I变量	(1) 范围：0~99，变量值为整数型数据变量，带正负号。 (2) 所以程序调用同一变量号时，该变量的数据为同一个数据。当被第二次赋值时，将覆盖第一次的数据
LI〈变量号〉：局部I变量	(1) 范围：0~1000，变量值为整数型数据变量，带正负号。 (2) 不同的程序调用同一变量号时，各自对应的数据不一致。互不干涉，各自独立。 (3) 该变量只有在调用程序打开时，才会在变量表中出现
GD〈变量号〉：全局D变量	(1) 范围：0~99，变量值为浮点型数据变量，该数值可定义到小数点后三位(.000)，带正负号。 (2) 所以程序调用同一变量号时，该变量的数据为同一个数据。当被第二次赋值时，将覆盖第一次的数据
LD〈变量号〉：局部D变量	(1) 范围：0~1000，变量值为浮点型数据变量，该数值可定义到小数点后三位(.000)，带正负号。 (2) 不同的程序调用同一变量号时，各自对应的数据不一样，互不干涉，各自独立。 (3) 该变量只有在调用程序打开时，才会在变量表中出现

续表 4-1

附加项格式、定义	说　明
GP〈变量号〉〈数据号〉:全局 P 变量	(1) 全局 P 变量,该变量值记录机床各关节姿态、坐标等相关位置数据,是多个数据组合。变量号范围为:0～999,数据号范围为:0～11。 (2) 数据号表示可以单独调用 GP 变量的组合数据中某一数据,数据号的定义为: 0:对整个数据组合进行操作;1:对 X 轴数据进行操作; 2:对 Y 轴数据进行操作;3:对 Z 轴数据进行操作; 4:对 J1 轴数据进行操作;5:对 J2 轴数据进行操作; 6:对 J3 轴数据进行操作;7:对 J4 轴数据进行操作; 8:对 J5 轴数据进行操作;9:对 J6 轴数据进行操作; 10:对 J7 轴数据进行操作;11:对 J8 轴数据进行操作
LP〈变量号〉〈数据号〉:局部 P 变量	(1) 局部 P 变量,该变量值记录机床各关节姿态、坐标等相关位置数据,是多个数据组合。变量号范围为:0～1000,数据号范围为:0～11。 (2) 数据号表示可以单独调用 LP 变量的组合数据中某一数据,数据号的定义为: 0:对整个数据组合进行操作;1:对 X 轴数据进行操作; 2:对 Y 轴数据进行操作;3:对 Z 轴数据进行操作; 4:对 J1 轴数据进行操作;5:对 J2 轴数据进行操作; 6:对 J3 轴数据进行操作;7:对 J4 轴数据进行操作; 8:对 J5 轴数据进行操作;9:对 J6 轴数据进行操作; 10:对 J7 轴数据进行操作;11:对 J8 轴数据进行操作。 (3) 不同的程序调用同一变量号时,各自对应的数据不一样,互不干涉,各自独立。如一个程序调用变量 LP0,第二个程序也调用了 LP0,两个 LP0 互不干扰,各自独立。该变量只有在调用程序打开时,才会在变量表中出现
Y〈变量号〉:通用输出口	通用输出 Y 接口,该接口对应硬件物理接口,为状态变量(ON=1,OFF=0),范围:0～79
T〈变量号〉:定时器	T〈变量号〉内部定时器编号,为状态变量(ON=1,OFF=0),范围:0～59
TC〈变量号〉:定时器内数值	TC〈变量号〉内部定时器数据,该变量为数据变量
C〈变量号〉:计数器	C〈变量号〉内部计数器编号,为状态变量(ON=1,OFF=0),范围:0～19
CC〈变量号〉:计数器内数值	CC〈变量号〉内部计数器数据,为数据变量,范围 0～19
GS〈变量号〉:全局字符串变量	GS 字符串变量,范围:0～99。该变量主要用于读取条形码,外部 I/O 口编码数据使用。配合 READ DATA TO 或 READ IO BCD 指令使用。如: READ DATA TO GS#(0):读取条码到 GS0 变量; PAUSE IF GS#(0)=123456:当 GS0=123456 时,暂停; ……
D〈变量〉:自定义数据变量	自定义数据变量,其中变量为用户自行输入的具体数据。该数据可以带正负号,可输入小数
==或=:判断等于	判断前后变量是否相等或一致,可判断数据变量或状态变量。如:X0==ON;LI0=LI2 等

续表 4-1

附加项格式、定义	说　明
＞：判断大于	判断前面的变量是否大于后面的变量，可判断数据变量。如：LD0＞LI2；CC0＞LD1 等
＜：判断小于	判断前面的变量是否小于后面的变量，可判断数据变量。如：LD0＜LI2；CC0＜LD1 等
＞＝：判断大于或等于	判断前面的变量是否大于或等于后面的变量，可判断数据变量。如 LD0＞＝LI2；CC0＞＝LD1 等
＜＝：判断小于或等于	判断前面的变量是否小于或等于后面的变量，可判断数据变量。如 LD0＜＝LI2；CC0＜＝LD1 等

4.2　运 动 指 令

4.2.1　关节运动指令 MOVJ

关节运动指令说明见表 4-2。

表 4-2　关节运动指令说明

关节运动 MOVJ	指令功能	以关节插补方式移动到示教位置。各关节按照各自"轴设定速度×VJ×自动倍率"运动	
	附加项	〔空白〕 GP〈变量号〉 LP〈变量号〉	位置数据，屏幕上该栏显示空白 GP 变量，变量号：0～999 LP 变量，变量号：0～999
		VJ＝〈百分比〉	VJ 速度比例，百分比：1％～100％
		PL＝〈平滑度〉	PL 平滑度：0～9
		〔空白〕 UNTIL〈条件〉	不使用该项。 使用条件，当条件满足，该程序行停止执行，转入下一行执行；否则执行当前行直到结束后，转入下一行。详见辅助项说明 1
		〔空白〕 COORD COORD1 COORD2	不使用该项 附加轴 1 和附加轴 2 同时协同 附加轴 1 单独协同 附加轴 2 单独协同
		ST＋ ST－	强制执行远边动作 强制执行近边动作
		ACC	关节加速度，值越大加速越快
		OP	偏移变量，用于偏移示教轨迹
	使用举例	MOVJ VJ＝30％ PL＝3 MOVJ VJ＝30 GP#0 PL＝3 UNTIL M#(0)＝＝ON	

辅助项说明 1：

UNTIL 用法举例：当条件满足时，该程序行停止执行，转入下一行执行；否则执行当前行直到结束后，转入下一行。条件可以使用 X、M、T、C，如图 4-3 所示。本功能可用于沾浆、舀铝水、放板机等。

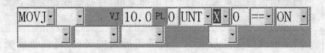

图 4-3　条件指令界面

案例如下：

路径走法：P1→P2→P3→X1→P4→X1→P5，如图 4-4 所示。各点位程序见表 4-3。

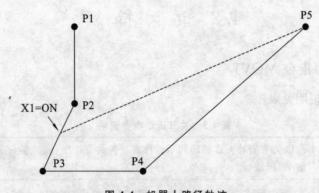

图 4-4　机器人路径轨迹

表 4-3　各点位程序

点 位	程 序
P1	MOVJ VJ=30% PL=0
P2	MOVL VL=500MM/S PL=0
P3	MOVL VL=200MM/S PL=0 UNTIL X#(1)==ON
	JUMP *22 IF X#(1)==ON
P4	MOVL VL=200MM/S PL=0
	*22
P5	MOVJ VJ=30% PL=0

说明：X1 有效后，系统退出当前执行的第三行程序，直接跳转到 P5。X1 有效时间要长点，否则会执行 P4。

4.2.2　直线运动指令 MOVL

直线运动指令说明见表 4-4。

表 4-4 直线运动指令说明

直线运动 MOVL	指令功能	用直线插补方式移动到示教位置。各关节按照 VL×自动倍率,以直线插补方式运动	
	附加项	[空白]	位置数据,屏幕上该栏显示空白
		GP〈变量号〉	GP 变量,变量号:0~999
		LP〈变量号〉	LP 变量,变量号:0~999
		VL=〈直线运行速度〉	直线运行速度,单位 mm/s,最大值为参数直线运动最高速度
		PL=〈平滑度〉	PL 平滑度:0~9
		[空白]	不使用该项
		UNTIL〈条件〉	UNTIL:当条件满足,该程序行停止执行,转入下一行执行。详见 MOVJ 辅助项说明 1。
		DOUT〈附加项〉	DOUT:运动中输出信号。详见 MOVL 辅助项说明 1。
		AOUT〈附加项〉	AOUT:运动中输出模拟量,详见辅助项说明 2
		[空白]	不使用该项
		COORD	附加轴 1 和附加轴 2 同时协同
		COORD1	附加轴 1 单独协同
		COORD2	附加轴 2 单独协同
		ST+	强制执行远边动作
		ST-	强制执行近边动作
		ACC	关节加速度,值越大加速越快
		OP	偏移变量,用于偏移示教轨迹
	使用举例	MOVL VL=500MM/S PL=0 MOVL VL=500MM/S GP#3 PL=5 UNTIL X#(0)==ON MOVL VL=500MM/S PL=0 DOUT Y#(0)==ON START 10.0 END 10.0 MOVL VL=500MM/S PL=0 AOUT A1=2.0 A2=2.0	

辅助项说明 1:

DOUT 用法举例:本附加项用于,设定程序开始多少距离切换某个信号(M、Y)有效或无效,到离结束点多少距离再还原该信号。如图 4-5 所示。

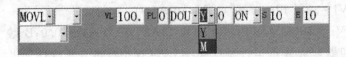

图 4-5 DOUT 附加项

程序实例:MOVL VL=100MM/S PL=0 DOUT Y#(0)==ON START 10.0 END 10.0。程序说明:执行本程序后,运动 10 mm 后,Y0 口开启(ON),机器人运动到距离结束

点 10 mm 时,关闭 Y0 口(OFF),然后程序运行到结束点。

本功能可用于喷涂运动中开关枪等。

辅助项说明 2：

AOUT 用法举例：本附加项用于机器人在运动过程中或结束位置输出指定模拟量,如图 4-6 所示。

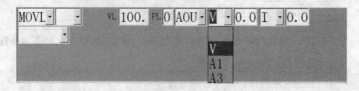

图 4-6 指定位置输出指定模拟量

(1) VI 模拟量输出：VI 模拟量输出只能用于焊接指令中间。指令不在焊接指令之间时,系统执行到该指令行,系统报警,并提示:"没有焊接状态,不能在运动中使用 AOUT 改变焊接电流电压"。V 对应焊机电压,I 对应焊接电流。执行本指令从起点到终点时,模拟电压由焊接电压到指定电压线性变化。

程序举例：焊接电流 200 A 对应模拟量 4.95 V,焊接电压 20 V 对应模拟量 4.95 V,焊接电流 400 A 对应模拟量 9.95 V,焊接电流 40 V 对应模拟量 9.95 V。

1　ARCSTART♯(0)
2　MOVL VL=500MM/S PL=0 AOUT V=40.0 I=400.0A
3　ARCEND♯(0)

程序说明：程序执行到第 1 行时,A1、A2 先输出起弧电压;第 1 行指令结束时,A1、A2 模拟量输出 4.95 V(焊接电流电压)。执行第 2 行到结束时,A1、A2 模拟量从 4.95 V 线性变化到 9.95 V。执行第 3 行时电压又变为灭弧电压。

该功能可用于焊接电流电压需要变化的场合。

(2) A1、A2 模拟量输出：在焊接指令之间使用本指令时,将不生效,系统按照焊接工艺设定输出。不在焊接指令之间时,系统执行到本指令行结束再输出 A1、A2 对应模拟量,简称到点输出。

(3) A3、A4 模拟量输出：指令不管在焊接指令之间,还是不在焊接指令之间,系统执行本指令行时,机器人从起点到终点,A3、A4 模拟量从开始点的值线性变化到结束点指令指定数值,简称线性输出。

程序举例：

1　MOVJ VJ=30% PL=0;A 点 A3=0 A4=0
2　MOVL VL=500MM/S PL=0 AOUT A3=10.0 A4=10.0;B 点

程序说明：机器人从 A 点运行到 B 点,A3、A4 模拟量由 0 V 线性变化到 10 V。

4.2.3　圆弧运动指令 MOVC

圆弧运动指令说明见表 4-5。

表 4-5 圆弧运动指令说明

	指令功能		用圆弧插补方式移动到示教位置。各关节按照 VL×自动倍率,以圆弧插补方式运动。整圆需要由两端圆弧构成,使用至少四段圆弧指令
圆弧运动 MOVC	附加项	[空白] GP〈变量号〉 LP〈变量号〉	位置数据,屏幕上该栏显示空白 GP 变量,变量号:0～999 LP 变量,变量号:0～999
		VL=〈直线运行速度〉	直线运行速度,单位 mm/s,最大值为参数直线运动最高速度
		PL=〈平滑度〉	PL 平滑度:0～9
		〈变量〉POINT	变量范围:1～3。一段圆弧轨迹必须是由三段圆弧指令实现的,三段圆弧指令分别定义了圆弧的起始点、中间点、结束点。1POINT 表示圆弧的起点,2POINT 表示圆弧的中间点,3POINT 表示圆弧的终点
		[空白] UNTIL〈条件〉 DOUT〈附加项〉 AOUT〈附加项〉	不使用该项 UNTIL:当条件满足,该程序行停止执行,转入下一行执行。详见 MOVJ 辅助项说明 1。 DOUT:运动中输出信号。 AOUT:运动中输出模拟量
		[空白] COORD COORD1 COORD2	不使用该项 附加轴 1 和附加轴 2 同时协同 附加轴 1 单独协同 附加轴 2 单独协同
		ST+ ST-	强制执行远边动作 强制执行近边动作
		ACC	关节加速度,值越大加速越快
		OP	偏移变量,用于偏移示教轨迹

圆弧综合实例:整圆,使用 A、B、C 和 C、D、A 两段圆弧,机器人末端位于起始点,轨迹如图 4-7 所示,程序说明见表 4-6。

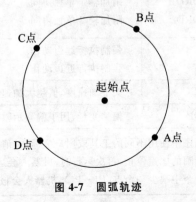

图 4-7 圆弧轨迹

表4-6 程序说明

程序行指令	说明
MOVL VL=500MM/S PL=0	从起始点运行到 A 点,将 A 点作为圆弧第一点
MOVC VL=500MM/S PL=0 POINT=2	从 A 点运行到 B 点,将 B 点作为圆弧第二点
MOVC VL=500MM/S PL=0 POINT=3	从 B 点运行到 C 点,将 C 点作为圆弧第三点。同时将 C 点作为第二段圆弧的第一点
MOVC VL=500MM/S PL=0 POINT=2	从 C 点运行到 D 点,将 D 点作为第二段圆弧的第二点
MOVC VL=500MM/S PL=0 POINT=3	从 D 点运行到 A 点,将 A 点作为第二段圆弧的第三点

4.2.4 整圆运动指令 MOVCA

整圆运动指令说明见表4-7。

表4-7 整圆运动指令说明

整圆运动 MOVCA	指令功能	用整圆弧插补方式实现一个整圆运动。各关节按照 VL×自动倍率,以整圆插补方式运动。P1 确定圆心,P2 确定运动方向,P3 同 P1 和 P2 确定一个圆弧面,即确定一个圆心、一个半径,一个起始点和一个圆所在的平面	
	附加项	[空白]	位置数据,屏幕上该栏显示空白
		GP〈变量号〉	GP 变量,变量号:0~999
		LP〈变量号〉	LP 变量,变量号:0~999
		VL=〈直线运行速度〉	直线运行速度,单位 mm/s,最大值为参数直线运动最高速度
		PL=〈平滑度〉	PL 平滑度:0~9
		[空白]	不使用该项
		UNTIL〈条件〉	UNTIL:当条件满足,该程序行停止执行,转入下一行执行。详见 MOVJ 辅助项说明1。
		DOUT〈附加项〉	DOUT:运动中输出信号。
		AOUT〈附加项〉	AOUT:运动中输出模拟量
		[空白]	不使用该项
		COORD	附加轴1和附加轴2同时协同
		COORD1	附加轴1单独协同
		COORD2	附加轴2单独协同
		ST+	强制执行远边动作
		ST-	强制执行近边动作
		ACC	关节加速度,值越大加速越快
		OP	偏移变量,用于偏移示教轨迹
	注意	若在程序中使用不同的工具或用户坐标系,请使用 CHANGE 坐标系的指令;若在画圆的中途停止,再次运行时,机器人会运行到圆心位置再重新画圆;若该指令中缺少一个点(P1~P3),机器人会报错	

程序举例:
(1) MOVL VL=100 PL=0;过渡点。
(2) MOVL VL=100 PL=0;圆心点。
(3) MOVCA VL=100MM/S PL=0 POINT=1 R=10.0 Dir=CW;P1 点确定圆中心点,确定运动到圆心的速度,确定是顺时针还是逆时针画圆(CW 表示顺时针,CCW 表示逆时针)。
(4) MOVCA VL=100MM/S PL=0 POINT=2;P2 点,确定圆的起始点方向,机器人画圆的速度。
(5) MOVCA VL=100MM/S PL=0 POINT=3;P3 点,确定圆所在的平面。

4.3 逻辑指令

4.3.1 数字量输出 DOUT

数字量输出说明见表 4-8。

表 4-8 数字量输出说明

数字量输出(DOUT)	指令功能	控制变量的状态。数字量只有两种形式,因此在使用该指令时只有两种状态,即"ON(有效)"和"OFF(无效)"两种状态		
	附加项	Y〈变量号〉=	ON	控制输出口 Y〈变量号〉,ON 或 OFF 状态;
		M〈变量号〉=	OFF	控制辅助继电器 M〈变量号〉,ON 或 OFF 状态
	程序举例	DOUT Y#(0)=ON 控制输出口 Y0 为 ON 状态; DOUT M#(0)=OFF 控制辅助继电器 M0 为 OFF 状态		

4.3.2 模拟量输出 AOUT

模拟量输出说明见表 4-9。

表 4-9 模拟量输出说明

模拟量输出(AOUT)	指令功能	输出模拟量端口的模拟电压
	附加项	AO#〈变量号〉=	指定需要输出的模拟量端口号,范围:S40 两路 A1~A2,S80 四路 A1~A4
		〈变量〉	变量为需要输出的模拟量电压值,范围:0.000~10.000 V
	程序举例	AOUT AO#(1)=0.000 输出 A1 口模拟电压为 0 V AOUT AO#(2)=10.000 输出 A2 口模拟电压为 10 V	

4.3.3 条件等待 WAIT

条件等待指令说明见表 4-10。

表 4-10　条件等待指令说明

条件等待（WAIT）	指令功能	当所设定的条件满足时,则程序往下执行;当所设定的条件不满足时,则程序一直停在这里,直到满足所设定的条件为止。但是,后面还有一个时间的设定,当条件不满足时,等到后面的设定时间之后,会继续执行下面的程序		
	附加项	X〈变量号〉== M〈变量号〉==	ON OFF	判断输入口 X〈变量号〉的状态是 ON 还是 OFF; 判断辅助继电器 M〈变量号〉的状态是 ON 还是 OFF
		T=〈变量〉	等待时间,单位:ms。T=0 一直等待所设条件;T≠0 时,条件和时间有一个先到就往下执行	
	程序举例	WAIT X#(0)==ON T=0　持续等待 X0 口有效。 WAIT M#(1)==OFF T=500　在 500 ms 内等待 M1 继电器有效,否则顺序执行		

4.3.4　延时指令 TIME

延时指令说明见表 4-11。

表 4-11　延时指令说明

延时指令（TIME）	指令功能	在指定时间能等待(延时),时间结束,程序往下执行
	附加项	T=〈变量〉　指定(延时)等待时间,变量单位:ms,范围:1～9999999 ms
	程序举例	TIME T=50　延时 50 ms

4.3.5　暂停 PAUSE

暂停指令说明见表 4-12。

表 4-12　暂停指令说明

暂停（PAUSE）	指令功能	无条件暂停,程序暂停,直到按"运行键"程序再继续执行; 有条件暂停,只有当后面条件满足时,程序暂停,否则连续运行				
	附加项	IF	［空白］		无条件暂停	
			X〈变量号〉 M〈变量号〉 Y〈变量号〉 T〈变量号〉 C〈变量号〉	== > < >= <= =	ON OFF	条件暂停:条件满足暂停,否则顺序执行
			GI〈变量号〉 LI〈变量号〉 GD〈变量号〉 LD〈变量号〉 GP〈变量号〉〈数据号〉 LP〈变量号〉〈数据号〉 TC〈变量号〉 CC〈变量号〉 GS〈变量号〉		GI〈变量号〉 LI〈变量号〉 GD〈变量号〉 LD〈变量号〉 GP〈变量号〉 LP〈变量号〉 TC〈变量号〉 CC〈变量号〉 D〈变量号〉 〈字符串〉	

续表 4-12

程序举例	PAUSE 无条件暂停； PAUSE IF X#(0)==ON 只有当 X0=ON 时才暂停,否则继续执行； PAUSE IF GD#(1)==LD#(1) 只有当 GD1=LD1 时,程序才暂停,否则继续执行	

4.3.6 条件跳转 JUMP

条件跳转指令说明见表 4-13。

表 4-13 条件跳转指令说明

条件跳转 (JUMP)	指令功能	程序跳转指令,分有条件和无条件跳转。 说明： (1) 使用此条指令时,要配合使用标号指令(*),标号就是程序所要跳转到的位置； (2) 后面不加条件,只要程序执行到此行,则直接跳到标号所处的位置； (3) 后面有条件,当程序执行到该行指令时,程序不一定跳转,只有当后面的条件满足时,程序才跳转到标号所处的位置。若条件不满足,则程序顺序执行			
	附加项	*〈变量〉	跳转标号、标记,表示跳转到具有 *〈变量〉的位置；变量可以为任意字符、数字		
		[空白]	无条件暂停		
		IF	X〈变量号〉 M〈变量号〉 Y〈变量号〉 T〈变量号〉 C〈变量号〉		ON OFF	条件跳转： 条件满足,跳转到 *〈变量〉所在位置； 条件不满足,程序顺序执行
			GI〈变量号〉 LI〈变量号〉 GD〈变量号〉 LD〈变量号〉 GP〈变量号〉 〈数据号〉 LP〈变量号〉 〈数据号〉 TC〈变量号〉 CC〈变量号〉 GS〈变量号〉	== > < >= <=	GI〈变量号〉 LI〈变量号〉 GD〈变量号〉 LD〈变量号〉 GP〈变量号〉 LP〈变量号〉 TC〈变量号〉 CC〈变量号〉 D〈变量号〉 〈字符串〉	
	程序举例	1 * 345T 标号 * 345T 位置 …… 6 JUMP * SES IF M#(1)==ON 如果 M1=ON,跳转到 * SES 位置。 …… 12 JUMP * 345T 无条件跳转 * 345T 位置。 13 * SES 标号 * SES 位置。 …… 后续程序				

4.3.7 子程序调用 CALL

子程序调用指令说明见表 4-14。

表 4-14 子程序调用指令说明

指令功能	子程序调用指令,包含有条件调用和无条件调用。 说明: (1) 子程序的建立和主程序的建立,唯一的区别就是在编写完所有的程序之后,子程序的末尾加上 RET 指令。 (2) %就是所要调用的程序。后面不加条件,只要程序执行到此行,则直接调用该子程序;后面有条件,当程序执行到该行时,程序不一定调用该子程序,只有当后面的条件满足时,程序才调用该子程序。 (3) 在使用 call 无条件指令时,在机器人内部设有固定的子程序调用,用来控制滑台及喷枪(例:自转 90°、一枪开启等)				
子程序调用(CALL)		%〈程序名〉	程序名为调用的子程序名称		
		[空白]	无条件调用,运行到本行直接调用〈程序名〉指定的子程序		

	附加项	IF	X〈变量号〉
			M〈变量号〉
			Y〈变量号〉
			T〈变量号〉
			C〈变量号〉
				ON
				OFF
					条件调用:
					  条件满足,调用〈程序名〉指定的子程序;
					  条件不满足,程序顺序执行

			GI〈变量号〉 LI〈变量号〉 GD〈变量号〉 LD〈变量号〉 GP〈变量号〉 〈数据号〉 LP〈变量号〉 〈数据号〉 TC〈变量号〉 CC〈变量号〉	== > < >= <= =	GI〈变量号〉 LI〈变量号〉 GD〈变量号〉 LD〈变量号〉 GP〈变量号〉 LP〈变量号〉 TC〈变量号〉 CC〈变量号〉 D〈变量号〉
			GS〈变量号〉		〈字符串〉
程序举例	CALL 125 调用程序名为 125 的子程序; CALL %SBS IF LD#(1)>LD#(2) 如果 LD1>LD2,则调用 SBS 子程序				

4.3.8 注释

注释指令说明见表 4-15。

表 4-15 注释指令说明

注释 （;）	指令功能	注释指令,解释说明。在执行程序时,此部分的内容不执行,相当于提示使用者这里是什么意思,主要方便读者更加轻松地理解该程序
	附加项	;〈注释内容〉 注释内容为用户自己定义的内容。便于用户自己查看,理解程序
	程序举例	;tqzl 注释内容 tqzl,本行不执行

4.3.9 跳转标号

跳转标号说明见表 4-16。

表 4-16 跳转标号说明

跳转标号 （*）	指令功能	标记 JUMP 跳转位置,需和 JUMP 指令配合使用
	附加项	*〈变量〉 变量可以为任意字符或数字
	程序举例	* ssb4 标记跳转位置为 * ssb4 ……

4.3.10 子程序返回

子程序返回说明见表 4-17。

表 4-17 子程序返回说明

子程序返回 （RET）	指令功能	用于子程序的返回。返回调用程序的界面,接 CALL 程序行后继续运行主程序
	附加项	无
	程序举例	RET 子程序返回

4.4 运算指令

4.4.1 加法运算 ADD

加法运算指令说明见表 4-18。

表 4-18　加法运算指令说明

加法运算（ADD）	指令功能	将前一变量和后一变量相加，结果赋值给前一个变量。例如：A＝A＋B。本指令只能使用数据变量		
	附加项	GI〈变量号〉 LI〈变量号〉 GD〈变量号〉 LD〈变量号〉 GP〈变量号〉〈数据号〉 LP〈变量号〉〈数据号〉 TC〈变量号〉 CC〈变量号〉	GI〈变量号〉 LI〈变量号〉 GD〈变量号〉 LD〈变量号〉 GP〈变量号〉〈数据号〉 LP〈变量号〉〈数据号〉 TC〈变量号〉 CC〈变量号〉 D〈变量〉	将前一变量和后一变量相加，结果赋值给前一变量
	程序举例	ADD TC#(4) GP#1(1)　TC4＝TC4＋GP1 X轴坐标 ADD CC#(1) 20.5　CC1＝CC1＋20.5		

4.4.2　减法运算 SUB

减法运算指令说明见表 4-19。

表 4-19　减法运算指令说明

减法运算（SUB）	指令功能	将前一变量减去后一变量，结果赋值给前一个变量。例如：A＝A－B。本指令只能使用数据变量		
	附加项	GI〈变量号〉 LI〈变量号〉 GD〈变量号〉 LD〈变量号〉 GP〈变量号〉〈数据号〉 LP〈变量号〉〈数据号〉 TC〈变量号〉 CC〈变量号〉	GI〈变量号〉 LI〈变量号〉 GD〈变量号〉 LD〈变量号〉 GP〈变量号〉〈数据号〉 LP〈变量号〉〈数据号〉 TC〈变量号〉 CC〈变量号〉 D〈变量〉	将前一变量减去后一变量，结果赋值给前一个变量
	程序举例	SUB TC#(4) GP#1(1)　TC4＝TC4－GP1 X轴坐标 SUB CC#(1) 20.5　CC1＝CC1－20.5		

4.4.3　乘法运算 MUL

乘法运算指令说明见表 4-20。

表 4-20 乘法运算指令说明

乘法运算 (MUL)	指令功能	将前一变量乘以后一变量,结果赋值给前一个变量。例如:A=A×B。本指令只能使用数据变量		
	附加项	GI〈变量号〉 LI〈变量号〉 GD〈变量号〉 LD〈变量号〉 GP〈变量号〉〈数据号〉 LP〈变量号〉〈数据号〉 TC〈变量号〉 CC〈变量号〉	GI〈变量号〉 LI〈变量号〉 GD〈变量号〉 LD〈变量号〉 GP〈变量号〉〈数据号〉 LP〈变量号〉〈数据号〉 TC〈变量号〉 CC〈变量号〉 D〈变量〉	将前一变量乘以后一变量,结果赋值给前一个变量
	程序举例	MUL TC#(4) GP#1(1)　　TC4=TC4×GP1 X 轴坐标 MUL CC#(1) 20.5　　CC1=CC1×20.5		

4.4.4 除法运算 DIV

除法运算指令说明见表 4-21。

表 4-21 除法运算指令说明

除法运算 (DIV)	指令功能	将前一变量除以后一变量,结果赋值给前一个变量。例如:A=A÷B。本指令只能使用数据变量		
	附加项	GI〈变量号〉 LI〈变量号〉 GD〈变量号〉 LD〈变量号〉 GP〈变量号〉〈数据号〉 LP〈变量号〉〈数据号〉 TC〈变量号〉 CC〈变量号〉	GI〈变量号〉 LI〈变量号〉 GD〈变量号〉 LD〈变量号〉 GP〈变量号〉〈数据号〉 LP〈变量号〉〈数据号〉 TC〈变量号〉 CC〈变量号〉 D〈变量〉	将前一变量除后一变量,结果赋值给前一个变量
	程序举例	DIV TC#(4) GP#1(1)　　TC4=TC4÷GP1 X 轴坐标 DIV CC#(1) 20.5　　CC1=CC1÷20.5		

4.4.5 加一运算 INC

加一运算指令说明见表 4-22。

表 4-22 加一运算指令说明

加一运算 (INC)	指令功能	将变量加数字1,结果赋值给变量。例如:A=A+1。本指令只能使用数据变量,多用于计数	
	附加项	GI〈变量号〉 LI〈变量号〉 GD〈变量号〉 LD〈变量号〉 GP〈变量号〉〈数据号〉 LP〈变量号〉〈数据号〉 TC〈变量号〉 CC〈变量号〉	将变量加数字1,结果赋值给变量
	程序举例	INC TC#(4)　　TC4=TC4+1 INC CC#(1)　　CC1=CC1+1	

4.4.6　减一运算 DEC

减一运算指令说明见表 4-23。

表 4-23 减一运算指令说明

减一运算 (DEC)	指令功能	将变量减数字1,结果赋值给变量。例如:A=A-1。本指令只能使用数据变量,多用于计数	
	附加项	GI〈变量号〉 LI〈变量号〉 GD〈变量号〉 LD〈变量号〉 GP〈变量号〉〈数据号〉 LP〈变量号〉〈数据号〉 TC〈变量号〉 CC〈变量号〉	将变量减数字1,结果赋值给变量
	程序举例	DEC TC#(4)　　TC4=TC4-1 DEC CC#(1)　　CC1=CC1-1	

4.4.7　赋值 SET

赋值指令说明见表 4-24。

项目 4 南大机器人初级编程

表 4-24 赋值指令说明

赋值 (SET)	指令功能	将后一变量的值赋给前一变量,例如 A=B。本指令只能使用数据变量		
	附加项	GI〈变量号〉 LI〈变量号〉 GD〈变量号〉 LD〈变量号〉 GP〈变量号〉〈数据号〉 LP〈变量号〉〈数据号〉 TC〈变量号〉 CC〈变量号〉	GI〈变量号〉 LI〈变量号〉 GD〈变量号〉 LD〈变量号〉 GP〈变量号〉〈数据号〉 LP〈变量号〉〈数据号〉 TC〈变量号〉 CC〈变量号〉 D〈变量〉	将后一变量的值赋给前一变量
	程序举例	SET TC#(4) GP#1(1) TC4=GP1 X 轴坐标 SET CC#(1) TC#(1) CC1=TC1 SET TC#(1) 5.000 TC1=5		

4.4.8 取余数 MOD

取余数指令说明见表 4-25。

表 4-25 取余数指令说明

求余运算 (MOD)	指令功能	将前一变量的值除以后一变量的余数赋值给第三变量,如 MOD GI#1 GI#2 赋值到 GI#3。本指令只能使用整形变量			
	附加项	GI〈变量号〉 LI〈变量号〉 GD〈变量号〉 LD〈变量号〉 GP〈变量号〉〈数据号〉 LP〈变量号〉〈数据号〉 TC〈变量号〉 CC〈变量号〉	GI〈变量号〉 LI〈变量号〉 GD〈变量号〉 LD〈变量号〉 GP〈变量号〉〈数据号〉 LP〈变量号〉〈数据号〉 TC〈变量号〉 CC〈变量号〉 D〈变量〉 分母不能为 0	将前一变量的值除以后一变量,得到余数	将余数赋值到	GI〈变量号〉 LI〈变量号〉 GD〈变量号〉 LD〈变量号〉 GP〈变量号〉 〈数据号〉 LP〈变量号〉 〈数据号〉 TC〈变量号〉 CC〈变量号〉
	程序举例	MOD GI#(1) GI#(2) GI#(3):GI#(1)除以 GI#(2),得余数,并将余数赋值到 GI#(3)				

4.5 辅助指令

4.5.1 速度改变指令 SPEED

速度改变指令说明见表 4-26。

表 4-26　速度改变指令说明

速度改变 (SPEED)	指令 功能	本指令通过附加项的比例值,乘以之后程序行的速度,来调整其后关节运行速度。 VJ〈比例〉对其后 VJ 速度有效。VL〈比例〉对其后 VL 速度有效。SPEED VJ＝100 或 SPEED VL＝100 取消速度改变功能。 本指令主要在需要对某部分程序行调速时使用。而再现模式中的运行倍率对整个 程序都有效	
	附加 项	VJ＝〈比例〉	范围:0～100,对其后 VJ 速度有效。
		VL＝〈比例〉	范围:0～100,对其后 VL 速度有效
	程序 举例	SPEED VJ＝30 MOVL VL＝500MM/S PL＝0	之后 V 速度均乘以 30%。 VL 速度变为:500×30%＝150 mm/s。
		SPEED VJ＝100 MOVL VL＝500MM/S PL＝0	之后 V 速度均乘以 100%。 VL 速度变为:500×100%＝500 mm/s,等同于没有 变速、变速取消

4.5.2　条件判断 IF

条件判断指令说明见表 4-27。

表 4-27　条件判断指令说明

条件判断 (IF)	指令 功能	IF 条件判断指令。本指令由 IF、IF(可省略或重复使用)、ELSE、ENDIF 构成一个 完整结构。 首先判断 IF 条件是否成立,成立则执行 IF 之后的语句。如果 IF 条件成立,再判断 IF 之后条件(本指令行可根据实际选择使用或不使用),IF 条件成立,则执行 ELSEIF 之后程序。如果 ELSEIF 条件不成立,则执行 ELSE 之后程序。程序结尾使用 ENDIF		
	附 加 项	X〈变量号〉 M〈变量号〉 Y〈变量号〉 T〈变量号〉 C〈变量号〉	＝＝ ＞ ＜ ＞＝ ＜＝ ＝	ON OFF	IF 条件判断 0,条件成立,执 行该语句之后程序; 如果 IF 条件 0 成立,再执行 IF 条件 1 判断,如果 IF 之后条 件 1 成立,则执行 IF 条件 1 之 后程序; 如果 IF 条件 0 成立且 IF 条 件 1 不成立,则执行 ELSE 之 后程序; ENDIF 结束 IF 判断
		GI〈变量号〉 LI〈变量号〉 GD〈变量号〉 LD〈变量号〉 GP〈变量号〉〈数据号〉 LP〈变量号〉〈数据号〉 TC〈变量号〉 CC〈变量号〉		GI〈变量号〉 LI〈变量号〉 GD〈变量号〉 LD〈变量号〉 GP〈变量号〉 LP〈变量号〉 TC〈变量号〉 CC〈变量号〉 D〈变量号〉	
		GS〈变量号〉		〈字符串〉	
		〈编号〉	指令结构标号,一个完整的指令结构内该标号必须一致, 否则程序将报错或跳出。 一个完整指令结构所使用的编号和另一个完整指令结构 编号可以相同。 标号范围:0～8		

续表 4-27

IF-ENDIF	程序举例	IF〈条件〉〈编号〉 …… ELSEIF〈条件〉〈编号〉 …… ELSE〈编号〉 …… ENDIF〈编号〉	IF 条件 IF 条件成立后执行程序 ESLEIF 条件 ELSEIF 条件成立执行程序 上面条件都不成立执行下面程序 ENDIF 结束 IF 结构
IF-ELSEIF	程序举例	IF X#(1)==ON 0 INC TC#(0) ELSE 0 ADD TC#(0) 3.000 END IF 0 IF X#(1)==OFF 0 ADD TC#(0) 4.00 ELSE 0 ADD TC#(0) 5.00 END IF 0	如果 X1=ON。执行 TC0=TC0+1 否则 执行 TC0=TC0+3 0 号 IF 指令结构结束 如果 X1=OFF, 执行 TC0=TC0+4 否则 执行 TC0=TC0+5 0 号 IF 指令结构结束
IF-IF	程序举例	IF X#(0)==ON 0 IF X#(1)==OFF 1 DEC TC#(0) ELSE1 ADD TC#(0) TC#(0) ENDIF 1 ELSE 0 INC TC#(0) END IF 0	如果 X0=ON。 同时如果 X1=OFF,执行 TC0=TC0−1 如果 X1=OFF 不满足,X0=ON 满足 执行 TC0=TC0+TC0 IF 指令 1 结束 如果 X0=ON 不满足 执行 TC0=TC0+1 IF 指令 0 结束
IF-ELSEIF	程序举例	IF X#(0)==ON 0 INC TC#(0) ELSEIF X#(1)==ON 0 ADD TC#(0) 2.000 ELSEIF X#(2)==ON 0 ADD TC#(0) 3.000 ELSE 0 ADD TC#(0) TC#(0) ENDIF 0	如果 X0=ON,执行 TC0=TC0+1 如果 X1=ON,执行 TC0=TC0+2 如果 X2=ON,执行 TC0=TC0+3 否则,执行 TC0=TC0+TC0 0 号 IF 指令结构结束

4.5.3 循环指令 WHILE

循环指令说明见表 4-28。

表 4-28 循环指令说明

循环指令 （WHILE）	指令功能	\multicolumn{4}{l	}{ WHILE 循环指令,本指令由 WHILE 和 ENDWHILE 构成一个完整结构； 当 WHILE 后的条件满足要求时,即条件为 ON 时,执行 WHILE 和 END-WHILE 里面的程序,直到 WHILE 条件后的指令不满足要求,则退出该循环； 判断条件一定要在循环部分中进行设置,否则会死循环 }
	附加项	X〈变量号〉 M〈变量号〉 Y〈变量号〉 T〈变量号〉 C〈变量号〉	== ＞ ＜ ＞= ＜=	ON OFF GI〈变量号〉 LI〈变量号〉 GD〈变量号〉 LD〈变量号〉 GP〈变量号〉 LP〈变量号〉 TC〈变量号〉 CC〈变量号〉 D〈变量号〉	WHILE 循环指令的条件判断： 当条件满足要求时,即条件为 ON 时,执行 WHILE 和 ENDWHILE 之间的程序行； 当条件不满足时,程序跳出该循环区间,执行 ENDWHILE 之后程序行
		GI〈变量号〉 LI〈变量号〉 GD〈变量号〉 LD〈变量号〉 GP〈变量号〉〈数据号〉 LP〈变量号〉〈数据号〉 TC〈变量号〉 CC〈变量号〉			
		GS〈变量号〉		〈字符串〉	
		〈编号〉	\multicolumn{3}{l	}{ 指令结构标号,一个完整的指令结构内该标号必须一致,否则程序将报错或跳出。 一个完整指令结构所使用的编号和另一个完整指令结构编号可以相同。 标号范围：0～8 }
WHILE- ENDWHILE	程序举例	WHILE〈条件〉〈编号〉 …… ENDWHILE〈编号〉	\multicolumn{3}{l	}{ 判断条件, 成立：执行……部分程序行； 不成立：执行 ENDWHILE 后程序行 }
计数循环	程序举例	SET TC#(1) 0.000 WHILE TC#(1)＜20 0 IF X#(1)==ON 0 INC TC#(1) ELSE 0 ADD TC#(1) 2.000 ENDIF 0 ENDWIHILE 0 SET TC#(1) 15.000	\multicolumn{3}{l	}{ 赋值 TC1=0 如果 TC1＜20,执行 IF 部分 IF 判断：如果 X1=ON 则 TC1=TC1+1 如果 X1≠ON 则 TC1=TC1+2 IF 判断结束 如果 TC1≮20,则执行 TC1=15 }

4.5.4 条件选择 SWITCH

条件选择指令说明见表 4-29。

表 4-29 条件选择指令说明

条件选择 (SWITCH)	指令 功能		SWITCH 条件选择指令,本指令由 SWITCH、CASE(可重复使用)、BREAK、DEFAULT、ENDSWITCH 构成一个完整的指令结构。 计算 SWITCH 后变量的值,判断和哪个 CASE 后的数值相等。找到相等 CASE 后,程序从该位置开始执行,执行到第一个 BREAK 结束,并跳转到 ENDSWITCH 行。如果找不到相等的值,则转到 DEFAULT 指令行开始执行,直到 ENDSWITCH 结束。 注意 BREAK 的位置,位置不同,操作结果也将不同
	附加项	X〈变量号〉 M〈变量号〉 Y〈变量号〉 T〈变量号〉 C〈变量号〉	状态变量,CASE 内容为 0 或者 1
		GI〈变量号〉 LI〈变量号〉 GD〈变量号〉 LD〈变量号〉 GP〈变量号〉〈数据号〉 LP〈变量号〉〈数据号〉 TC〈变量号〉 CC〈变量号〉	数据变量,CASE 内容为具体数据
		GS〈变量号〉	字符变量,CASE 内容为具体字符
		〈编号〉	指令结构标号,一个完整的指令结构内该标号必须一致,否则程序将报错或跳出。 一个完整指令结构所使用的编号和另一个完整指令结构编号可以相同。 标号范围:0~8
SWITCH- ENDSWITCH	程序 举例	SWITCH〈变量〉〈编号〉 CASE〈数值〉〈编号〉 …… BREAK〈编号〉 DEFAULT〈编号〉 …… ENDSWITCH〈编号〉	〈变量〉作为条件, 如果〈变量〉=〈数值〉,执行 CASE 程序 这段 CASE 程序结束 以上 CASE 都不满足,执行 DEFAULT 程序 SWITCH 结束

续表 4-29

SWITCH-DEFAULT	程序举例	SWITCH TC#(1) 0 CASE 1 0 CASE 2 0 CASE 3 0 CASE 4 0 CASE 5 0 DOUT Y#(18)==ON BREAK 0 DEFAULT 0 DOUT Y#(18)==OFF ENDSWITCH 0	SWITCH 计算变量 TC1 TC1=1/2/3/4/5 都执行 输出 Y18 口有效(Y18=ON) CASE1-5 结束转到 ENDSWITCH TC1 不等于以上数据，则 输出 Y18 关闭(Y18=OFF) SWITCH 指令结束
SWITCH-BREAK	程序举例	SWITCH TC#(2) 0 CASE 10 0 AOUT AO#(1)=1.000 BREAK 0 CASE 20 0 AOUT AO#(1)=2.000 BREAK 0 CASE 30 0 AOUT AO#(1)=3.000 BREAK 0 CASE 40 0 AOUT AO#(1)=4.000 BREAK 0 CASE 50 0 AOUT AO#(1)=5.000 BREAK 0 CASE 60 0 AOUT AO#(1)=6.000 BREAK 0 CASE 70 0 AOUT AO#(1)=7.000 BREAK 0 CASE 80 0 AOUT AO#(1)=8.000 BREAK 0 CASE 90 0 AOUT AO#(1)=9.000 BREAK 0 DEFAULT 0 AOUT AO#(1)=10.000 ENDSWITCH 0	SWITCH 计算变量 TC2 CASE10 即 TC2=10 执行 输出 A1 口 1 V 电压 CASE10 结束转到 ENDSWITCH CASE20 即 TC2=20 执行 输出 A1 口 2 V 电压 CASE20 结束转到 ENDSWITCH CASE30 即 TC2=30 执行 输出 A1 口 3 V 电压 CASE30 结束转到 ENDSWITCH CASE40 即 TC2=40 执行 输出 A1 口 4 V 电压 CASE40 结束转到 ENDSWITCH CASE50 即 TC2=50 执行 输出 A1 口 5 V 电压 CASE50 结束转到 ENDSWITCH CASE60 即 TC2=60 执行 输出 A1 口 6 V 电压 CASE60 结束转到 ENDSWITCH CASE70 即 TC2=70 执行 输出 A1 口 7 V 电压 CASE70 结束转到 ENDSWITCH CASE80 即 TC2=80 执行 输出 A1 口 8 V 电压 CASE80 结束转到 ENDSWITCH CASE90 即 TC2=90 执行 输出 A1 口 9 V 电压 CASE90 结束转到 ENDSWITCH TC2 的结果不等于以上数值，则 执行输出 A1 口 10 V 电压 SWITCH 指令结束

4.5.5 切换工具坐标CHANGETOOL

切换工具坐标指令说明见表4-30。

表4-30 切换工具坐标指令说明

切换工具坐标（CHANGETOOL）	指令功能	切换工具坐标指令，执行本指令时，程序将由当前坐标系切换到CHANGETOOL指定的工具坐标系。 本操作有可能带来危险,请仔细核对需要切换的坐标系是否正确，机器人工作于该坐标系是否存在危险	
	附加项	〈坐标号〉	需要切换的工具坐标系号码，范围:0~49
	程序举例	CHANGETOOL#(2)	切换到2号工具坐标

4.5.6 改变用户坐标CHANGEUSE

改变用户坐标指令说明见表4-31。

表4-31 改变用户坐标指令说明

改变用户坐标（CHANGEUSE）	指令功能	切换用户坐标指令，执行本指令时，程序将由当前坐标系切换到CHANGEUSE指定的用户坐标系。 本操作有可能带来危险,请仔细核对需要切换的坐标系是否正确，机器人工作于该坐标系是否存在危险	
	附加项	〈坐标号〉	需要切换的用户坐标系号码，范围:0~49
	程序举例	CHANGEUSE#(3)	切换到3号用户坐标

4.6 示教编程

示教编程是指在示教模式下，选择正确的坐标系，手动移动机器人末端到需要的位置，然后通过特定的操作（如按键选择指令等）调用当前坐标数据（不可见）、运动轨迹、加工工艺等指令，从而生成用户程序的过程。

运动指令程序行，在不使用变量的情况下，包含运动指令、附加速度、平滑度，以及机器人关节数据（该数据程序编辑界面不可见）。如果使用了变量，则机器人关机数据包含在变量中。相关参数见表4-32。

表4-32 相关参数

参数类别	参数项	参数值	说明
操作参数	程序显示	0	字母:程序内容纯字母显示
		1	文字:程序内容文字显示，直观方便

具体操作如下：

首先点击【参数设置】→【系统参数】→【操作权限选择】，在弹出的界面中输入集成商密码，后点击【确定】，修改权限为集成商权限。

然后点击【参数设置】→【操作参数】,在弹出的程序列表中用触摸笔选择【程序显示】,双击此参数或者点击子菜单区【修改】,在弹出的输入框中输入数字:1,后点击【确定】,如图4-8所示。

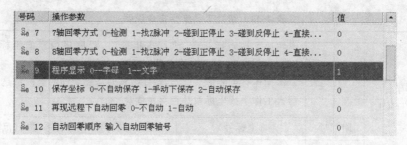

图4-8 参数设置

此时系统中示教后记录的程序变为中文显示,如图4-9所示。

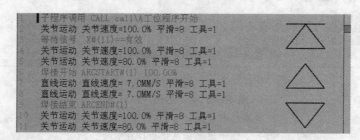

图4-9 中文显示

4.6.1 手动控制机器人准备工作

(1) 正常开机,没有报警,提示栏提示:"系统初始化完成",如图4-10所示。

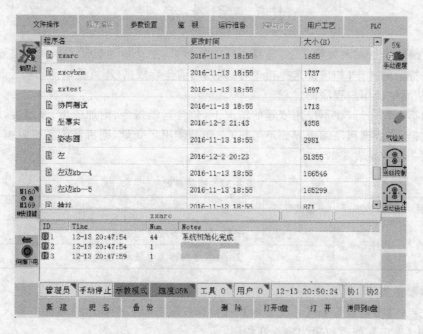

图4-10 正常开机

注意：系统初始化完成后，若下面提示 J×（×代表轴号）轴计算错误（计算出的坐标超过软限位值），则将机器人各个关节调至零位，重新记录零位就可以运动了。

(2) 点击【伺服下电】按键（图 4-10 左下角），伺服上电（对于绝对编码器，系统会读取各轴绝对位置）读取成功后，【伺服下电】按键状态变为【伺服上电】，颜色为绿色，如图 4-11 所示。提示栏未提示编码器没有完全读取成功（只要一个轴没有读取成功，无论点击【伺服下电】按键多少次，按键状态始终为【伺服下电】，颜色为红色）。

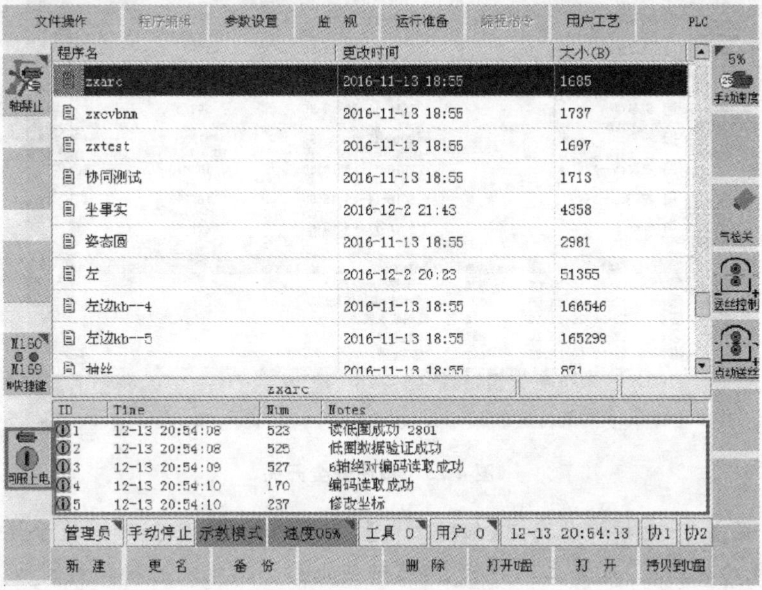

图 4-11 伺服上电

(3) 点击【轴禁止】按键，选择按键移动，如图 4-12 所示。

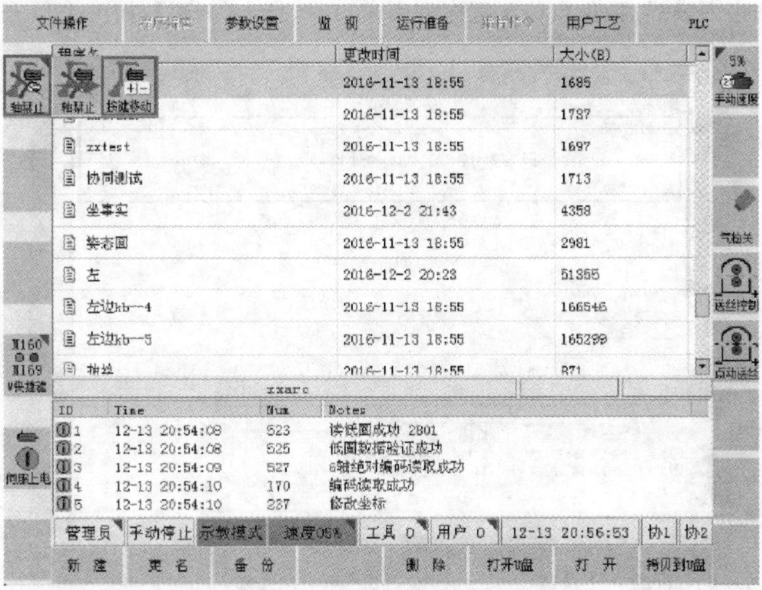

图 4-12 轴禁止

注意：如果手轮、操纵杆使用打开，可以选择手轮或者操纵杆方式移动机器人。

（4）按住安全开关使之处于第二挡位，示教器屏幕右边轴运动坐标出现，如图 4-13 所示。

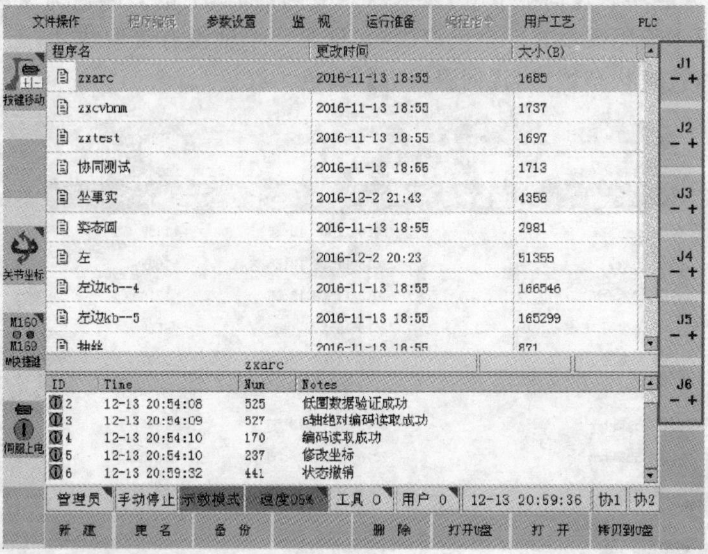

图 4-13　按住安全开关

注意：伺服上/下电按键状态为【伺服上电】，颜色为绿色，安全开关处于第二挡位，轴运动坐标不出现的原因：①系统上运动状态为【轴禁止】；②系统没有接收到制动检测输入信号 BK-T（监视-I/O 口-机器人专用端子）。

4.6.2　新建文件

（1）在程序列表界面，焦点位于程序列表窗口时，点击【新建】，如图 4-14 所示。

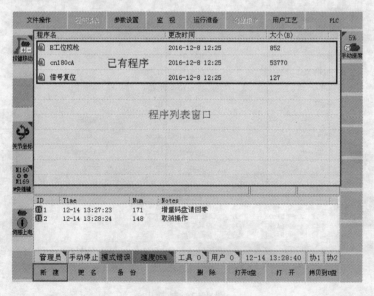

图 4-14　程序列表界面

（2）弹出新文件名窗口，点击白色方框，弹出软键盘。输入中文名，请点击【中】按键，按键变为绿色后即可使用智能拼音输入中文"矩形"，如图4-15所示。

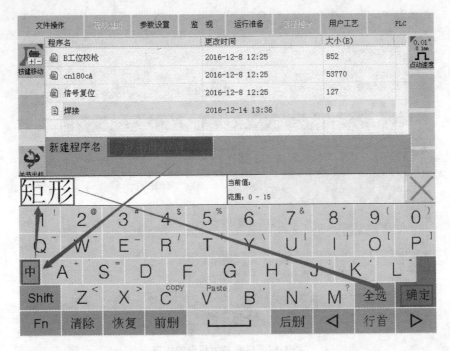

图4-15 输入中文名

（3）点击【确定】，新建矩形程序文件成功，提示栏提示"新建成功"，如图4-16所示。

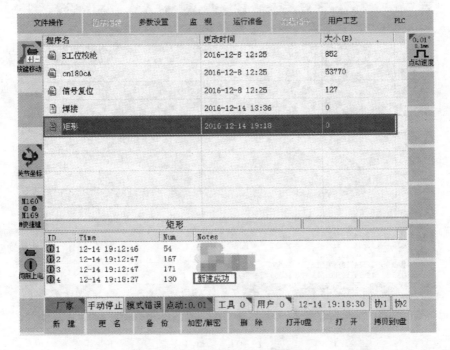

图4-16 新建程序文件成功

(4) 选中文件名为矩形的程序(选中后为蓝色),然后用触摸笔双击此文件或者点击【打开】按键,如图 4-17 所示。

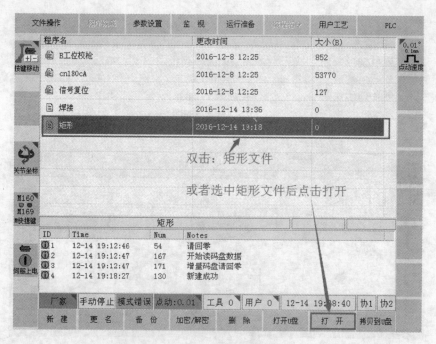

图 4-17　打开名为矩形的程序

(5) 新建程序打开,提示栏提示"正在打开文件,请稍等",如图 4-18 所示。

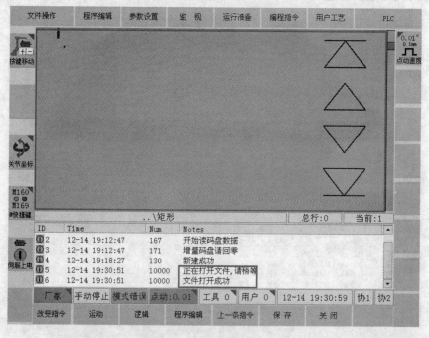

图 4-18　提示栏提示正在打开文件

4.6.3 编辑程序

(1) 运动路径图如图4-19所示。

图 4-19 运动路径图

(2) 程序行指令及说明见表4-33。

表 4-33 程序行指令及说明

程序行指令	说 明
MOVJ VJ=50% PL=9	按照MOVJ关节运动方式,以VJ=50%的速度,PL=9的平滑度,移动到工件的上方(远离工件),到达准备点
MOVJ VJ=50% PL=0	MOVJ关节运动,以VJ=50%的速度,PL=0的平滑度,移动到程序点A,靠近工件
MOVL VL=200.0MM/S PL=0	MOVL直线运动,以VL=200 mm/s的速度,PL=0的平滑度,移动到程序点B
MOVL VL=200.0MM/S PL=0	MOVL直线运动,以VL=200 mm/s的速度,PL=0的平滑度,移动到程序点C
MOVL VL=200.0MM/S PL=0	MOVL直线运动,以VL=200 mm/s的速度,PL=0的平滑度,移动到程序点D
MOVL VL=200.0MM/S PL=0	MOVL直线运动,以VL=200 mm/s的速度,PL=0的平滑度,移动到程序点A
MOVL VL=400.0MM/S PL=9	按照MOVL直线运动方式,以VL=400 mm/s的速度,PL=9的平滑度,移动到工件的上方(远离工件),到达离开点

(3) 示教编程

打开新建的程序"矩形"。按住安全开关(二挡),将机器人末端尖点移动到工件的上方,点击【运动】按键,选择MOVJ关节运动指令,如图4-20所示。

弹出指令编辑对话框,修改关节速度VJ=50%,平滑度PL=9,然后点击【指令正确】,如图4-21所示。

MOVJ指令记录完成,已经编辑到程序文件"矩形"。此时MOVJ指令中包含了当前机器人各个轴的关节坐标。程序正确编辑到程序文件中,系统提示栏会提示程序编辑成功: `1  MOVJ VJ=50.0% PL=9`。继续按住安全开关(二挡),使用直角坐标系将机器人末端点移动到工件A点上,然后按照上述方式,选择【运动】→【MOVL】,修改VL=200 mm/s,

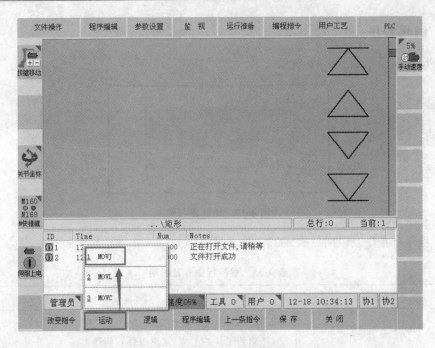

图 4-20 选择 MOVJ 关节运动指令

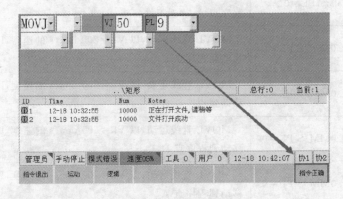

图 4-21 点击【指令正确】

PL=0,然后点击【指令正确】,第二条直线运动指令(运动到 A 点)记录完成:
1　MOVJ VJ=50.0% PL=9
2　MOVJ VJ=50.0% PL=0　　按照上述方式依次编辑直线运动到 B 点、C 点、D 点,关节运动到离开点的指令。编辑完成,如图 4-22 所示。

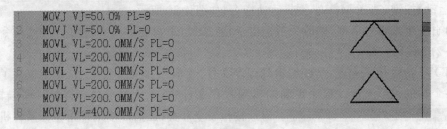

图 4-22 编辑完成

4.6.4 焊接示教编程

焊接路径如图 4-23 所示。

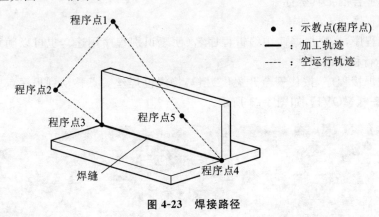

● ：示教点(程序点)
━━ ：加工轨迹
---- ：空运行轨迹

图 4-23 焊接路径

相关指令：
MOVJ：关节运动；
MOVL：直线运动；
VJ：关节运动速度倍率；
VL：直线运动速度倍率；
PL：平滑度；
TOOL：工具坐标；
ARCSTART：起弧；
ARCEND：起弧结束。

程序列表见表 4-34。

表 4-34 程序列表

程序行指令	说　明
MOVJ VJ=50% PL=9 TOOL=1	在工具坐标系 TOOL=1 内，按照 MOVJ 关节运动方式，以 VJ=50% 的速度，PL=9 的平滑度，移动到程序点 1，到达准备点
MOVJ VJ=50% PL=9 TOOL=1	工具坐标系 TOOL=1，MOVJ 关节运动，以 VJ=50% 的速度，PL=9 的平滑度，移动到程序点 2，靠近工件
MOVJ VJ=25% PL=0 TOOL=1	工具坐标系 TOOL=1，MOVJ 关节运动，以 VJ=25% 的速度，PL=0 的平滑度，移动到程序点 3，接触工件
ARCSTART#(0)	起弧
MOVL VL=100.0MM/S PL=0 TOOL=1	工具坐标系 TOOL=1，MOVL 直线运动，以 VL=100 mm/s 的速度，PL=0 的平滑度，移动到程序点 4，焊接加工轨迹
ARCEND#(0)	起弧结束
MOVL VL=400.0 MM/S PL=9 TOOL=1	按照 MOVL 直线运动方式，以 VL=400 mm/s 的速度，PL=9 的平滑度，移动到工件的上方（远离工件），到达离开点
MOVJ VJ=50% PL=9 TOOL=1	工具坐标系 TOOL=1，MOVJ 关节运动，以 VJ=50% 的速度，PL=9 的平滑度，移动到程序点 1，回到准备点

示教编程步骤:

(1) 将模式钥匙开拨到示教模式。

(2) 选择适合的工具坐标系。

(3) 进入程序列表界面。

(4) 新建程序,用户根据使用编辑程序名(便于识别程序用途),也可以随意编辑,以焊接为程序名进行程序编辑。

(5) 打开焊接程序,按住安全开关(二挡),将焊枪焊丝尖点移动到程序点1位置,点击子菜单【运动】→【MOVJ】,如图4-24所示。

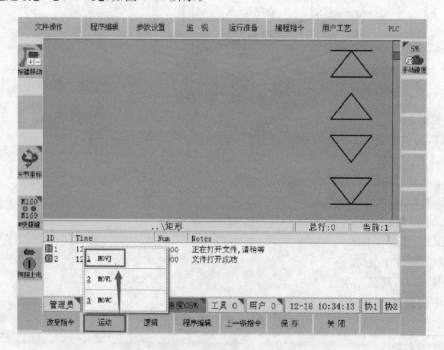

图 4-24 点击子菜单【运动】→【MOVJ】

弹出指令编辑窗口,修改 VJ=50%,PL=9,如图 4-25 所示。

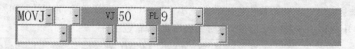

图 4-25 指令编辑窗口

点击子菜单栏【指令正确】,该指令行将记录到程序编辑窗口: MOVJ VJ=50.0% PL=9 TOOL=1 。程序点1的指令编辑完成。

(6) 将机器人焊丝尖点分别移动到程序点2、程序点3,重复步骤(5),按照程序列表正确设置 VJ、PL 值。输入程序点2、程序点3的指令行,如图4-26所示。

图 4-26 程序点2、程序点3的指令行

（7）点击【编程指令】→【焊接】→【ARCSTART】→【确认】，弹出起弧窗口：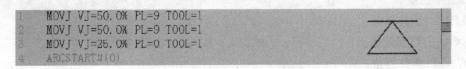。按照要求输入相应参数后，点击子菜单栏【指令正确】按键，该指令行将记录到程序编辑窗口，如图4-27所示。

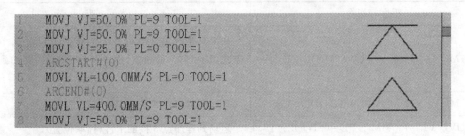

图4-27 记录到程序编辑窗口

（8）重复以上类似的步骤，将各程序点和各指令输入完成，如图4-28所示。

图4-28 各程序点和各指令输入完成

（9）点击子菜单栏【保存】按键，再点击【关闭】，关闭程序编辑界面。通过以上步骤，该焊接实例程序创建完成。

4.6.5 搬运示教编程

搬运路径图如图4-29所示。

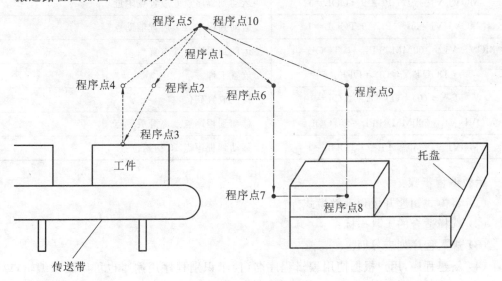

图4-29 搬运路径图

相关指令：

MOVJ：关节运动；

MOVL:直线运动;
VJ:关节运动速度倍率;
VL:直线运动速度倍率;
PL:平滑度;
TOOL:工具坐标;
DOUT:数字量输出;
WAIT:条件等待。
程序列表见表4-35。

表4-35 程序列表

程序行指令	说 明
MOVJ VJ=50% PL=9 TOOL=1	在工具坐标系TOOL=1内,按照MOVJ关节运动方式,VJ=50%的速度,PL=9的平滑度,移动到程序点1,到达准备点
MOVJ VJ=50% PL=9 TOOL=1	运动到程序点2靠近工件位置(抓取前)
MOVL VL=100MM/S PL=0 TOOL=1	运动到程序点3接触工件(抓取位置)
DOUT Y#(0)=ON	抓取工件
WAIT X#(0)=ON DT=0 CT=10	一直等待检测抓取到位(检测信号要持续10 ms,根据实际情况自行设置)
MOVL VL=200MM/S PL=9 TOOL=1	运动到程序点4离开工件(抓取后)
MOVJ VJ=50% PL=9 TOOL=1	运动到程序点5初始位置
MOVJ VJ=50% PL=9 TOOL=1	运动到程序点6放置点附近
MOVJ VJ=50% PL=9 TOOL=1	运动到程序点7放置辅助点
MOVL VL=100MM/S PL=0 TOOL=1	运动到程序点8放置点
DOUT Y#(0)=OFF	放置工件
WAIT X#(0)=ON DT=0 CT=10	检测放置到位
MOVL VL=200MM/S PL=9 TOOL=1	移动到程序点9离开放置点
MOVJ VJ=50% PL=9 TOOL=1	移动到程序点10初始位置

示教编程步骤:
(1) 将模式钥匙开拨到示教模式。
(2) 选择适合的工具坐标系。
(3) 进入程序列表界面。
(4) 新建程序,用户根据使用编辑程序名(便于识别程序用途),也可以随意编辑,以搬运为程序名进行程序编辑。
(5) 打开搬运程序,按住安全开关(二挡),将搬运夹具移动到程序点1位置,点击子菜单【运动】→【MOVJ】,如图4-30所示。

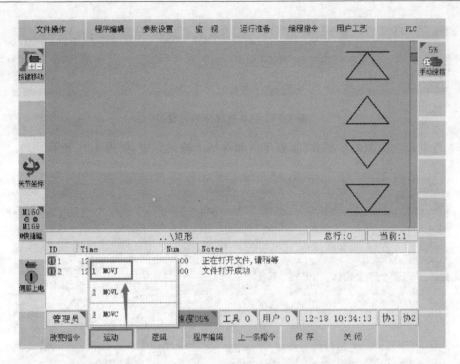

图 4-30　点击子菜单【运动】→【MOVJ】

弹出指令编辑窗口，修改 VJ＝50%，PL＝9，点击子菜单栏【指令正确】按键。该指令行将记录到程序编辑窗口：MOVJ VJ=50.0% PL=9 TOOL=1 。程序点 1 的指令编辑完成。

（6）重复步骤（5），根据编程表选择正确的指令，设置速度参数与平滑度，将程序点 2 与程序点 3 记录完成，编辑到程序文件中，如图 4-31 所示。

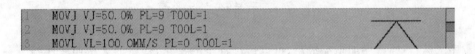

图 4-31　编辑到程序文件

（7）点击【编程指令】→【逻辑】→【DOUT】→【确认】，弹出：DOUT Y·0 =ON 。按照要求输入相应参数后，点击子菜单【指令正确】按键，该指令行将记录到程序编辑窗口，如图 4-32 所示。

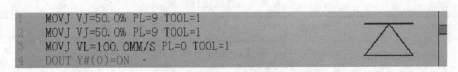

图 4-32　记录到程序编辑窗口

（8）点击【编程指令】→【逻辑】→【WAIT】→【确认】，弹出：WAIT X·0 ＝ON 等待 0 继续 10 。按照要求输入相应参数后，点击子菜单【指令正确】按键，该指令行将记录到程序编辑窗口，如图 4-33 所示。

```
1  MOVJ VJ=50.0% PL=9 TOOL=1
2  MOVJ VJ=50.0% PL=9 TOOL=1
3  MOVL VL=100.0MM/S PL=0 TOOL=1
4  DOUT Y#(0)=ON
5  WAIT X#(0)=ON DT=0 CT=10
```

图 4-33 记录到程序编辑窗口

(9) 重复以上类似的步骤，将各程序点和各指令输入完成，如图 4-34 所示。

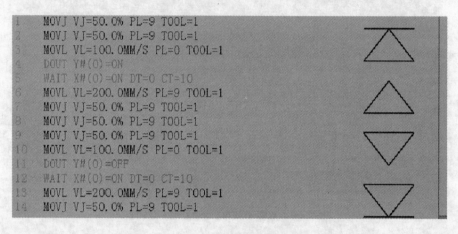

```
1   MOVJ VJ=50.0% PL=9 TOOL=1
2   MOVJ VJ=50.0% PL=9 TOOL=1
3   MOVL VL=100.0MM/S PL=0 TOOL=1
4   DOUT Y#(0)=ON
5   WAIT X#(0)=ON DT=0 CT=10
6   MOVL VL=200.0MM/S PL=9 TOOL=1
7   MOVJ VJ=50.0% PL=9 TOOL=1
8   MOVJ VJ=50.0% PL=9 TOOL=1
9   MOVJ VJ=50.0% PL=9 TOOL=1
10  MOVL VL=100.0MM/S PL=0 TOOL=1
11  DOUT Y#(0)=OFF
12  WAIT X#(0)=ON DT=0 CT=10
13  MOVL VL=200.0MM/S PL=9 TOOL=1
14  MOVJ VJ=50.0% PL=9 TOOL=1
```

图 4-34 记录到程序编辑窗口

(10) 点击子菜单栏【保存】按键，再点击【关闭】按键，关闭程序编辑界面。通过以上步骤，该搬运实例程序创建完成。

4.7 示教试运行

程序试运行：当程序编辑完成后，可以通过特定的操作，让机器人按照程序指令一行一行地执行。检查实际运行动作和运行轨迹，以便能预先判断动作或轨迹是否有误。

4.7.1 相关参数

示教试运行参数见表 4-36。

表 4-36 示教试运行参数

参数类别	参数项	参数值	说明
操作参数	试运行光标顺序移动	0	不移动：试运行结束光标停止在该行
		1	向下移动：试运行当前行结束，光标自动移动到下一行

(1) 参数修改步骤，首先点击【参数设置】→【系统参数】→【操作权限选择】，在弹出的界面中输入集成商密码，后点击【确定】，修改权限为集成商权限。

(2) 点击【参数设置】→【操作参数】，在弹出的程序列表中找到"试运行光标顺序移动"，点击子菜单区【修改】，在弹出的输入框中输入数字：0 或 1，再点击【确定】，该参数修改完成。

4.7.2 其他准备

(1) 切换到允许动作机器人状态：。

(2) 通过速度调整键 或者 手动移动速度倍率键，调整手动速度到一个合适的速度，建议调整后速度倍率不要超过50%。调整后的速度倍率可以在状态显示区显示 。通过状态栏调整方法如图4-35所示。

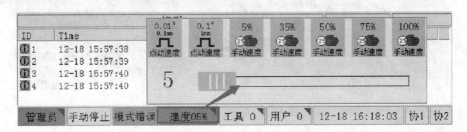

图 4-35 状态栏调整方法

4.7.3 程序试运行步骤

(1) 进入程序列表界面，如图4-36所示。

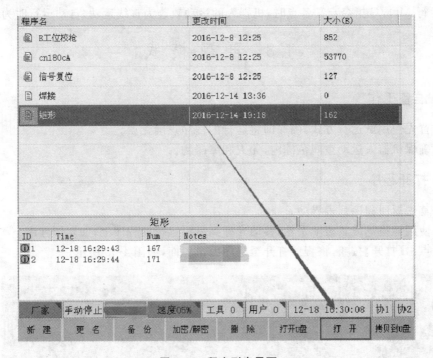

图 4-36 程序列表界面

(2) 按照图4-36所示，选择矩形程序文件，点击【打开】按键，进入矩形程序编辑界面，如图4-37所示。

(3) 将光标移动到需要试运行的程序行前面，如第一行前面。

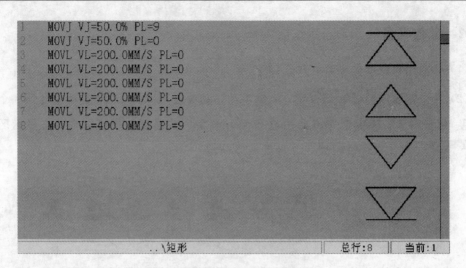

图 4-37 点击【打开】按键

(4) 按住安全开关(二挡),再按住 ![] 或者 ![] 键,系统控制机器人执行光标所在行的指令。如机器人动作、I/O 输出、运算、逻辑等。

注意:当光标在 IF、WHILE、SWITCH 指令结构中时,系统将提示出错。试运行前,请将光标移动到指令结构之外。

试运行 MOVC 指令定义各点时,机器人的运动轨迹为直线运动,自动运行时为圆弧。

4.8 再现模式

4.8.1 准备工作

(1) 首先使用试运行方式,确保即将运行的程序正确无误。
(2) 确保机器人运动空间范围内,无人和障碍物。

4.8.2 打开程序

(1) 首先返回程序列表界面。
(2) 使用触摸笔或者滚动手轮,移动光标到需要运行的程序上,如矩形程序。
(3) 点击【打开】按钮,将程序打开至程序编辑界面,如图 4-38 所示。

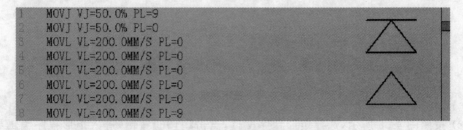

图 4-38 打开至程序编辑界面

(4) 将光标移动到程序开始位置(第一行)。

4.8.3 启动

(1) 切换控制模式开关为"再现模式(PLAY)"。在状态栏显示：再现模式。

(2) 选择合适的运行模式：单行运行 ![单行运行], 单次运行 ![单次循环], 无限循环运行 ![无限循环]。

注意：第一次运行时，建议选择单行运行模式，一行一行运行，有问题及时处理。单行运行模式下，节奏会比较慢，请注意！

当单行运行无误后，再选择单次运行。

单次运行无误后再选择无限循环运行，开始工作。

(3) 选择合适的运行速度。点击调速图标 ![手动速度] 对应坐标键【+】和【-】，在状态栏显示：速度05%。

注意：刚开始建议速度调慢点，第一次运行无误后再调快速度。

(4) 前面的准备工作完成后，点击 ![按钮] 按钮，程序按照前面示教的点位、动作、逻辑，开始运行。

运行界面如图4-39所示。

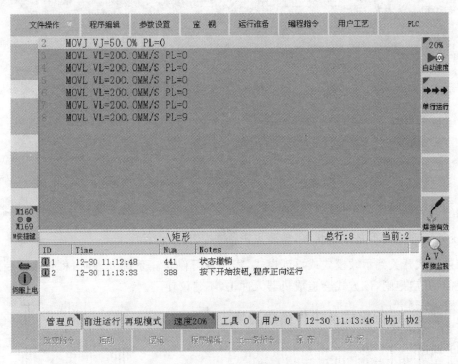

图 4-39 运行界面

4.8.4 暂定(终止)

本系统暂停和停止共用一个状态，即按下【停止】键后，系统就处于停止(暂停)状态。该模式下可以进行速度调节，切换运行模式。再次点击 ![按钮] 按钮，程序继续运行。将模式开关切换到示教模式(TEACH),程序退出。

程序运行过程中,如果需要暂停(终止),请点击 按钮,系统减速停止程序运行和机器人动作。在该方式下停止程序后,程序相关的所有内部状态、输出口、计数器、变量等均将保持。再次启动时,直接点击该按钮,程序继续正常执行。强烈建议使用。

为确保安全,建议多次点击 按钮或者长按该按钮,同时观察,信息提示区会弹框:"程序停止,请复位后再运行",如图 4-40 所示。

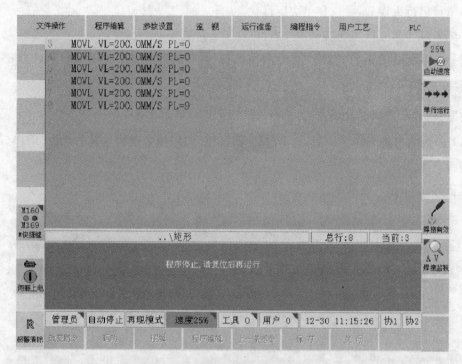

图 4-40　信息提示区

当程序运行模式为单行运行 时,程序运行完一行后,系统减速停止程序和机器人运行,系统处于静止而不是停止状态,需要点击 按钮,停止程序。

切换模式开关到示教模式或再现模式,程序强行停止。系统处理时,将直接切断脉冲、关闭使能、开启抱闸,该方式会造成机器人冲击,不建议使用。

4.8.5　调速、运行模式及工作模式切换

(1) 调速

在暂停(停止)状态下,点击调速图标 对应坐标键【+】和【-】,调整运行速率。在状态栏显示:速度: 05% 。

说明:当程序运行模式为单行运行 ,并且已经运行完一行程序后静止时,需要点击 按钮,让程序处于停止状态,才能点击调速图标对应坐标键,调整运行速率。

(2) 运行模式切换

① 在无限循环模式下,可以点击本按钮对应图标切换到单次循环模式。

② 在暂停(停止)状态下,点击运行模式图标对应坐标键【+】和【—】,切换运行方式。

③ 在再现模式或者远程模式下,程序处于无限循环模式,当 M216 辅助继电器有效时,当前程序将切换一次到单次循环模式。当单次循环运行停止后,系统将自动复位 M216 辅助继电器为无效,程序运行方式继续为之前的连续运行方式。本功能主要用于:远程模式下,连续运行的程序需要单次循环运行一次停止,方便整个流水线停止在一个固定状态。

备注:需要使用本功能的时候,PLC 需要做如下调整(图 4-41):

图 4-41 调整 PLC

(3) 程序运行中,工作模式切换

当前处于再现模式,程序如果正处于运行中,则需要使用停止按键,停止程序运行。然后切换模式开关到需要的模式(示教模式或远程模式)。

4.8.6 停止后再启动

(1) 工作模式没有发生改变,还是为再现模式

该模式下,通过按停止按钮,程序停止运行,系统减速停止程序运行和机器人动作。在该方式下停止程序后,程序相关的所有内部状态、输出口、计数器、变量等均将保持。再次启动时,直接点击按钮,程序继续正常执行。

(2) 工作模式发生变化,切换到了示教模式

① 相关参数(需要集成商权限):【参数设置】→【操作参数】。

② 不同参数程序启动过程。

当"操作参数"中连续运行模式光标初始参数位置设置为 0 时,无限循环模式下,切换工作模式开关到再现模式,然后点击按钮,程序从示教模式下光标所在行开始运行,如图 4-42 所示。

当"操作参数"中连续运行模式光标初始参数位置设置为 1 时,无限循环模式下,切换工作模式开关到再现模式,光标自动跳转到程序第一行,点击按钮,程序从第一行开始运行,如图 4-43 所示。

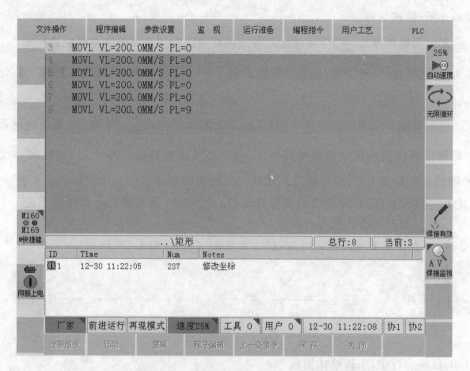

图 4-42 程序从光标所在行开始运行

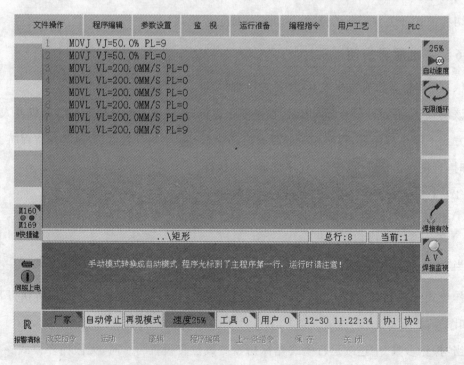

图 4-43 程序从第一行开始运行

4.8.7 紧急停止

当机器人处于再现模式,程序正处于运行中,使用紧急停止按钮停止程序后,再次启动机器人运行需按照以下步骤进行:

(1) 首先,检测机器人本体、工装夹具等是否异常,能否继续运行程序。
(2) 然后旋转松开紧急停止按钮。
(3) 按 R 键,复位当前报警信息。
(4) 点击伺服电机上电按钮,伺服电机上电。
(5) 降低再现运行速度,切换工作方式为单次运行。
(6) 多次点击运行键,测试程序工作是否异常。
(7) 确认机器人工作没有异常后,提高运行速度,切换工作方式为连续方式。
(8) 点击程序运行键,机器人开始工作。

警告:
① 自动运行中,如果发现机器人工作异常,应该快速按下紧急停止按钮。
② 紧急停止后,机器当前状态有可能异常。复位机器报警时,需要特别注意。

4.9 远程模式

4.9.1 远程(REMOTE)运行方式

远程运行方式指,在远离机器人示教盒的位置,控制机器人的运行、停止。本运行方式主要用于多台机器人连线后集中远程控制,机器人工作位置远离操作员位置等,如图 4-44 所示。当切换到远程模式时下列按键无效:示教编程器上的【正向运行】、【逆向运行】、【程序停止】键。

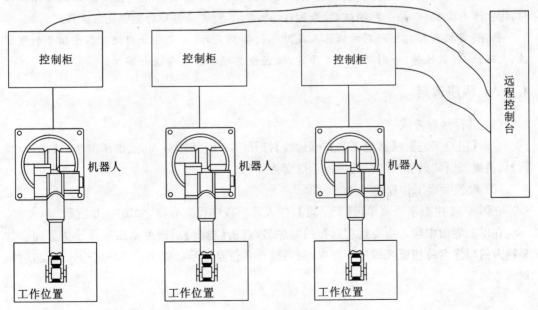

图 4-44 多台机器人连线后集中远程控制

4.9.2 准备工作

(1) 相关参数(集成商权限):【参数设置】→【操作参数】,如图4-45所示。

参数类别	参数项	参数值	说明
操作参数	外部IO确认时间	1000	本参数设置,远程/预约启动信号需要保持时间。远程/预约启动信号需要完整的;上升沿,上升沿保持时间,下降沿才能生效。 预约停止信号及时响应,不受本参数控制

图 4-45 相关参数

(2) 运行程序编制

需要在示教模式下编辑完成工作程序,并在再现模式下测试程序的正确性。

注意:远程运行的程序须以 RET 指令结尾,如图 4-46 所示。

```
1  TIME T=10000
2  MOVL VL=1500.0MM/S PL=0
3  MOVL VL=1500.0MM/S PL=0
4  MOVL VL=1200.0MM/S PL=0
5  MOVL VL=1000.0MM/S PL=0
6  MOVL VL=1200.0MM/S PL=0
7  MOVL VL=1500.0MM/S PL=0
8  RET
9
```

图 4-46 运行程序编制

(3) 机器人工作条件准备

检查机器人工装夹具是否准备就绪,需要使用的产品是否合理。在前面测试工作程序时,带上所有夹具、产品一起测试,检查程序、产品、工装夹具等是否能够正常工作。

备注:当机器人需要和别的机器人或外部设备交互时,一定要合理处理各个信号的逻辑性、关联性、时效性等;否则可能交互异常,造成设备损坏及人身伤亡事故。

4.9.3 程序调用

(1) 选择远程方式

点击【用户工艺】→【其他工艺】→【远程】打开图4-47所示界面,点击子菜单区【远程/预约】切换键,选择"远程选择",其后指示灯变为绿色。

(2) 设置远程工作程序

在图4-47中点击子菜单区【下一页】,进入远程程序设置界面,如图4-48所示。

在以上界面中输入需要远程运行的程序名,点击【退出】后即可退出远程设置界面。如果输入的程序名称错误或程序不存在,则系统会在信息提示区提示:"文件名输入错误,请核对后重输"。

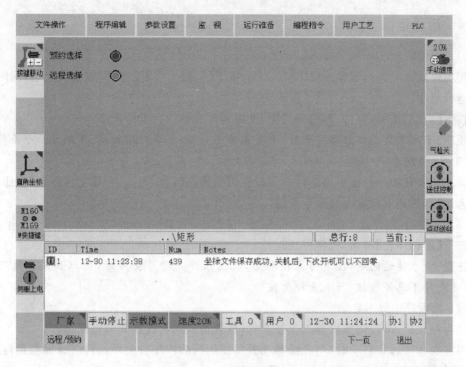

图 4-47 选择"远程选择"

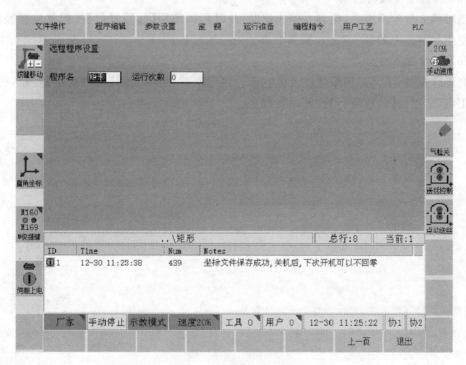

图 4-48 远程程序设置界面

4.9.4 远程运行

(1) 远程启动

切换模式开关到远程模式(REMOTE),按下【伺服上电】按钮,伺服电机上电,同时打开远程运行程序。

按下【启动】按钮,保持,再松开按钮,此时程序开始执行工作程序。

说明:系统采集远程启动信号时,需要采集上升沿、电平时间长度、下降沿三个条件。

(2) 远程调速

调速需要在程序停止后再进行。所以在需要调速时候,先按一下【远程停止】按钮,停止机器人运行,再到示教盒上修改运行速度。

(3) 远程暂停/停止

按下【远程停止】按钮,程序停止运行。

注意:由于延迟问题,按下停止按钮后,机器人停止动作会滞后,所以如果在情况紧急时,请首先按下急停按钮,而不是停止按钮。

(4) 远程停止后再启动

远程停止后,可以调整机器人工装夹具,或者切换到示教模式调整机器人。

当需要再次远程启动时,将光标移动到需要运行的程序行前面,再按住【远程运行】按钮保持,再松开按钮,程序从光标所在行开始运行。

(5) 远程复位及再启动

当机器人发生报警时,机器人停止运动,此时可以使用【远程复位】按钮复位报警状态,或者使用示教盒上的"R"键复位报警状态。

(6) 复位后再启动

高等级报警,会清除伺服电机上电状态。再启动时,需要使用【远程上电】按钮,将伺服电机上电后,再按【远程运行】按钮运行程序。

课 后 练 习

(1) 编写程序完成方形和三角形轨迹,注意使用 MOVL,MOVJ 的配合,还有 PL 的设定。

(2) 编写程序完成圆弧和整圆轨迹,注意使用 MOVC,MOVJ 的配合,还有 PL 的设定。

(3) 编写程序完成一次搬运工作,夹具的输入输出口的控制。

(4) 编写程序完成点头和摇头动作,两种动作均用循环指令来回 3 遍。

(5) 利用条件指令判断左右两个传感器状态,左通再判断右传感器,右通点头,右不通则摇头,注意点头程序和摇头程序通过子程序调用。

(6) 通过机器人操作定义一个全局点变量 GP[3] 为长方形的一个角点,并以长方形的两条边作用户坐标,通过对 GP[3] 的加减运算,完成一个长方形的轨迹。

(7) 通过对机器人全局点变量的加减运算和循环,画出三角波浪轨迹。

(8) 通过对机器人全局点变量的加减运算、循环和条件,完成 4 个长方形轨迹。

(9) 通过对机器人全局点变量的加减运算、循环和条件,画出 V 形轨迹。

(10) 通过对机器人全局点变量的加减运算、循环和条件,画出方形组合轨迹。

(11) 通过对机器人全局点变量的加减运算、循环和条件,画出圆形组合轨迹。

以下是编程能力提高习题:

(12) ××世纪末的星期××:曾有邪教称 1999 年 12 月 31 日是世界末日。当然该谣言已经不攻自破。还有人称今后的某个世纪末的 12 月 31 日如果是星期一则……有趣的是,任何一个世纪末年份的 12 月 31 日都不可能是星期一! 1999 年的 12 月 31 日是星期五,请问,未来哪一个离我们最近的世纪末年即××99 年的 12 月 31 日正好是星期天,即星期日? 请回答该年份,只写这个 4 位整数,不要写 12 月 31 等多余信息。

(13) 马虎的算式:小明是个急性子,上小学的时候经常把老师写在黑板上的题目抄错了。有一次老师出的题目是"$36 \times 495 = ?$",他却给抄成了"$396 \times 45 = ?$",结果却很戏剧性,他的答案竟然是对的。因为 $36 \times 495 = 396 \times 45 = 17820$,类似这样的巧合情况可能还有很多,比如 $27 \times 594 = 297 \times 54$,假设 a、b、c、d、e 代表 1~9 不同的 5 个数字,注意是各不相同的数字且不含 0,能满足形如:$ab \times cde = adb \times ce$ 这样的算式一共有多少种呢? 请你利用计算机的优势寻找所有的可能,并回答不同算式的种类数。

(14) 福尔摩斯到某古堡探险,看到门上写着一个奇怪的算式:"$ABCDE \times ? = EDCBA$",他对华生说:"ABCDE 应该代表不同的数字,问号也代表某个数字!"华生:"我猜也是!"于是两人沉默了好久,还是没有算出合适的结果来。请你利用编程的优势,找到破解的答案。

项目 5　码垛机器人应用

码垛工艺是指通过对垛的外形尺寸、垛数、层数基本参数的设置,对垛的摆放位置进行简单确认就能实现所有垛的整齐摆放。

5.1　码垛功能准备

5.1.1　码垛基本概念

垛:需要摆放的工件、物体、产品。

托盘:用于放置垛的物品(区域)。

码垛工艺指令数量:共 50 个(Pallet 0～49),即最多能支持 50 个托盘。

排样数:摆放方式,范围 1～99,即最多可实现 99 种不同的排放方式,通常 1 层 1 种排样。

参考点:即第一个垛的摆放位置,以后每个垛的坐标以其为基准进行偏移、计算。对于六轴机型,该参考点不记录位置姿态,以后示教其他垛位时,不能变化大地坐标或用户坐标的 A、B 轴(C 轴可以任意变化)。

过渡点:当前码垛工艺中,用于机器人从外部机构(如传送带)上抓取物体后向托盘移动过程中的中间点。

垛位点:该垛的坐标数据,其中包含 X、Y、Z 和角度。

辅助点-准备点:主要是当前垛位点高度方向的偏移。需要斜进时,可设置 X、Y 方向的偏移,方向为用户坐标方向。需要设置为手抓,抓住工件后,高度要高于已经摆好的工件。

辅助点-离开点:主要是当前垛位点高度方向的偏移。一般只要手抓离开工件即可。

5.1.2　变量说明

(1) GP 变量

GP90 为垛的准备放件点。

GP91 为垛的放件点。

GP92 为放件后离开点。

GP93 为参考 GP91 的准备点(只在高度方向进行了尺寸偏移)。

GP94 为当前层对应参考点的偏移高度。

GP80～GP89、GP130～GP169 为码垛工艺 0～49 的过渡点。

(2) GI 变量

GI90～GI139 为码垛工艺 0～49 对应的当前执行垛数。

说明:上述 GP 变量和 GI 变量在码垛工艺里已做固定用途,因此不能在码垛工艺外再次使用。

5.2 码垛工艺设置步骤

5.2.1 准备工作

(1) 编辑 PLC 控制工件夹具,方便程序编辑

在示教器面板上有 M160~M169 10 个辅助继电器,可通过直接操作键盘(安全开关必须有效时)实现对 M 辅助继电器状态的控制,通过对 PLC 的编辑即可实现对夹具的控制,夹取工件。为实现对夹具的控制,通常须按图 5-1 所示编辑 PLC。

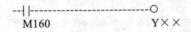

图 5-1 PLC 编辑

说明:Y××代表控制夹具电磁阀的输出口。

编辑数量根据控制对象决定,但最多不能超出 10 个。

(2) 建立用户坐标系

在【运行准备】的【用户坐标设置】界面设置用户坐标系,每一个托盘设置一个(即也可叫托盘坐标系),如图 5-2 所示。

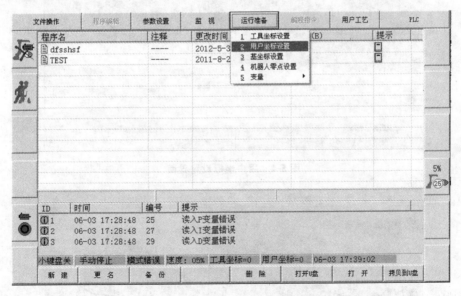

图 5-2 运行准备

用户坐标系统设置界面如图 5-3 所示。

选择好用户坐标系号后,点【校验】进入用户坐标设置界面,如图 5-4 所示。

在图 5-4 所示界面中,首先设置用户(托盘)坐标系的原点,即将机器人末端尖点(最好在机器人末端固定一个尖状物,方便观察)移动到托盘的一个角的端点上。之后按【记录当前点】记录用户(托盘)坐标的原点。

选择"XX 方向"确定 X 边,如图 5-5 所示。

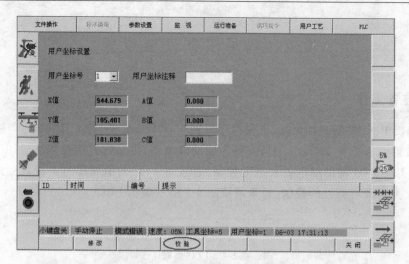

图 5-3 用户坐标系统设置界面

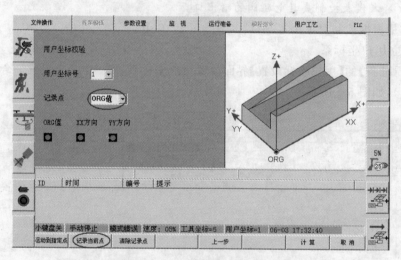

图 5-4 用户坐标设置界面

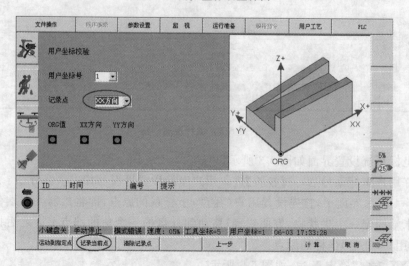

图 5-5 确定 X 边

在图5-5所示界面中,首先设置用户(托盘)坐标系的X方向,即将机器人末端尖点移动到托盘一边的边沿。之后按【记录当前点】记录用户(托盘)坐标的XX方向。选择"YY方向"确定Y边,如图5-6所示。

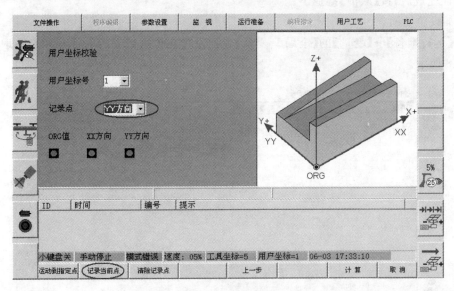

图5-6 确定Y边

在图5-6所示界面中,首先设置用户(托盘)坐标系的Y方向,即将机器人末端尖点移动到托盘另一边的边沿。之后按【记录当前点】记录用户(托盘)坐标的YY方向。

在确定好原点、XX方向、YY方向后,按【计算】键,如图5-7所示。系统自动完成当前用户(托盘)坐标的计算,确定了在托盘上的坐标系及方向,方便码垛时的坐标设置。

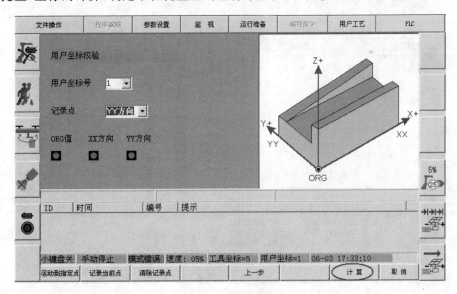

图5-7 按【计算】键

说明:用户坐标系的建立是参照右手螺旋法则,Z的正方向在X向Y旋转的大拇指方向。在建立托盘坐标时,Z的正方向通常是远离托盘,为此在建立托盘坐标时需要考虑X、Y

方向的边分别是哪一条。

用户坐标系统计算完成后,可切换到用户坐标系下 验证是否为想要的托盘坐标方向。验证完成后,按【取消】键退出。

(3) 设置辅助点

在【运行准备】→【变量】的【全局 P 变量】界面设置在传送带上的取件点和准备取件点,如图 5-8 所示。

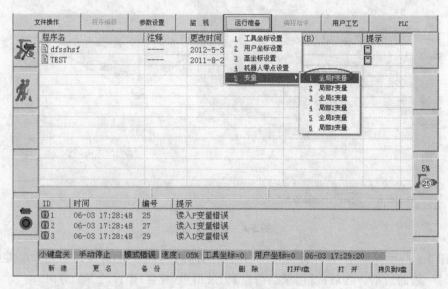

图 5-8 【全局 P 变量】界面

全局变量设置界面如图 5-9 所示。

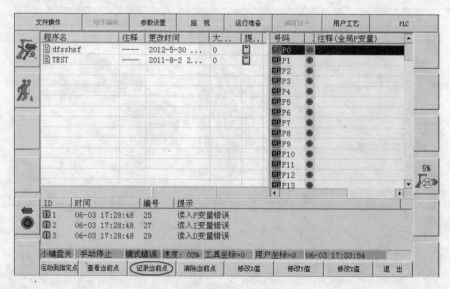

图 5-9 全局变量设置界面

在全局变量设置界面(图 5-9),找好取件点和取件准备点,按【记录当前点】将对应的坐标存在 GP 变量中,GP 变量的编号可在 GP0～GP79 范围内自行定义。

5.2.2 码垛工艺设置

(1) 建立码垛工艺号

建立码垛工艺号,如图 5-10 所示。

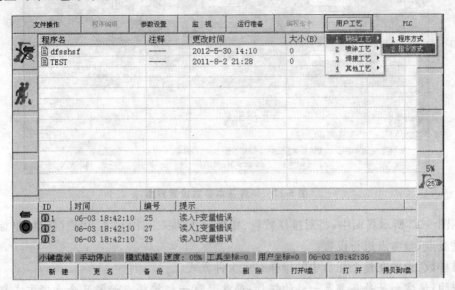

图 5-10 建立码垛工艺号

在【用户工艺】→【码垛工艺】的【指令方式】下进入码垛工艺界面,如图 5-11 所示。

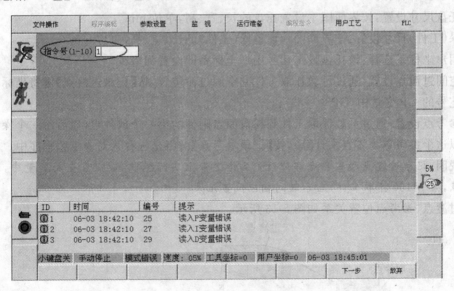

图 5-11 进入码垛工艺界面

在图 5-11 中输入码垛工艺编号(范围 0~9),一个号对应一个托盘。在图 5-11 所示界面中按【下一步】进入基本参数设置界面。

(2) 基本参数设置

码垛基本参数设置界面,如图 5-12 所示。

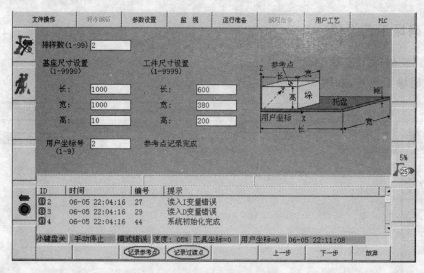

图 5-12 码垛基本参数设置界面

在图 5-12 所示界面中,将对排样数量、托盘尺寸、垛(工件)尺寸、用户(托盘)坐标系号、空间过渡点、参考点进行设置。

排样数:设置在整个托盘中的排样有多少种方式。

说明:通常如果每层都是一样的摆放,那就只有一种排样。如果只分奇偶方式摆放,那就是两种排样,即奇数层一种,偶数层一种。如果每一层的摆放都不一样的话,那有多少层就会有多少种排样。

托盘尺寸设置:按界面图示设置托盘的长、宽、高,单位 mm。

垛(工件)尺寸设置:按界面图示设置垛(工件)的长、宽、高,单位 mm。

用户坐标系选择:该托盘设定几号用户坐标系即设置为多少。

空间过渡点设置:通过示教抓取工件到空间过渡位置,按【记录过渡点】键将坐标存入对应工艺号的 GP 变量中(GP80~89)。

参考点设置:通过示教抓取工件到托盘原点附件的第一个放件点(以后每一个垛的坐标都是以这个参考点为零点来计算),按【记录参考点】键将坐标存入对应工艺程序中。

说明:记录过渡点和参考点都必须先从传送带上实际抓取工件(在全局变量中,运行到取件点,按 M160 抓取工件)后示教到相应位置记录。

过渡点、参考点位置关系如图 5-13 所示。

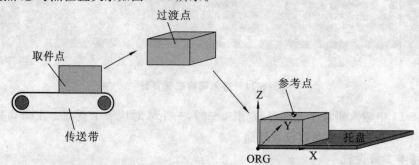

图 5-13 过渡点、参考点位置关系

说明：本次举例为：排样数 2，按奇偶层摆放。托盘尺寸 1000 mm×1000 mm，垛（工件）尺寸 600 mm×380 mm×200 mm。

(3) 排样垛数设置

根据托盘的大小和垛（工件）的大小，规划出每种排样垛的数量及摆放方式，排样垛数设置界面如图 5-14 所示。

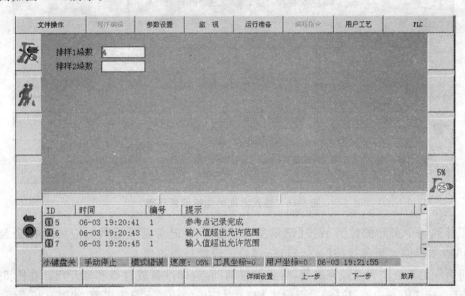

图 5-14 排样垛数设置界面

根据在基本参数界面设置托盘的尺寸和垛（工件）的尺寸（按举例说明），定为图 5-15 所示布局，为设置做准备。

注意：每一组排样都是在同一个平面（都是基于托盘的第一层）设置的，如图 5-15 所示。

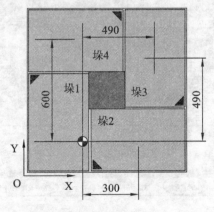

图 5-15 排样 1 的布局（忽略间隙）

排样设置界面中，在"排样 1 垛数"框内输入每个排样数"4"后点【进入设置】进入排样的详细设置界面，如图 5-16 所示。

垛 1 与"参考点"是一致的，垛 2～4 都是以垛 1 的中心点（参考点）为零点，在用户（托盘）坐标系里偏移 θ 角，以右手螺旋法则来确定。垛 2～4 的坐标值既可以直接输入，也可以

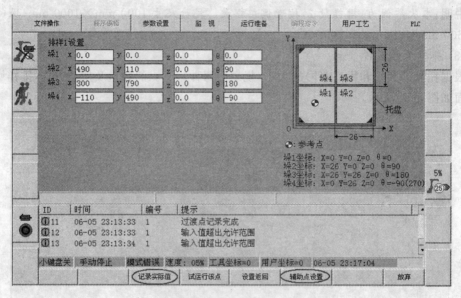

图 5-16　进入排样的详细设置界面

抓取工件到每个实际的位置后按【记录实际值】记录，记录完成后其对应的坐标会显示在图 5-16 所示界面。可通过按【试运行该点】验证设置是否正确。

每个垛的摆放位置设置完成后，需要设置辅助点，即准备放件点和离开点。在图 5-16 所示界面，光标选中一个垛，按【辅助点设置】进入对应垛的辅助点设置界面，如图 5-17 所示。

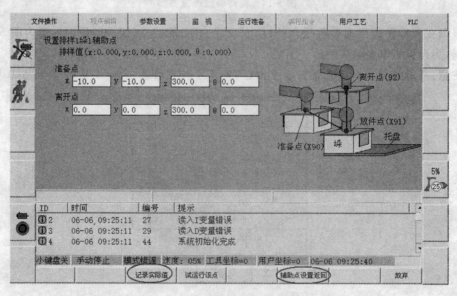

图 5-17　对应垛的辅助点设置界面

辅助点分"准备点"和"离开点"，它们都是在用户（托盘）坐标系里参照放件点进行偏移，坐标值可以直接输入，也可以直接点击【复制准备点】和【复制离开点】复制当前垛位点到准备点和离开点输入框中，还可以抓取工件到每个实际的位置后按【记录实际值】记录，记录完成后其对应的坐标会显示在图 5-17 所示界面。可通过按【试运行该点】验证设置是否正确。

说明：图5-17所示中垛1的准备点在x、y方向坐标均为-10,z向偏移坐标为300,说明工件是在高处和x、y负方向斜着放到放件点位置的；离开点z向偏移坐标为300,说明当放完工件后,手抓是直着提高300。如图5-17所示,准备点的坐标记录在GP90中,离开点的坐标是记录在GP92中。

排样1垛1辅助点设置完成后按【辅助点设置返回】键,到排样1设置界面,分别选择其他垛按上述方法,设置对应的辅助点。所有辅助点设置完成后返回排样垛数设置界面,对排样2进行设置。

如图5-18所示排样设置界面,在"排样2垛数"框内输入每个排样数"4"后点【进入设置】进入排样的详细设置界面,如图5-19所示。

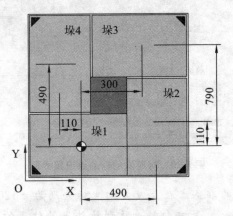

图5-18 排样2的布局(忽略间隙)

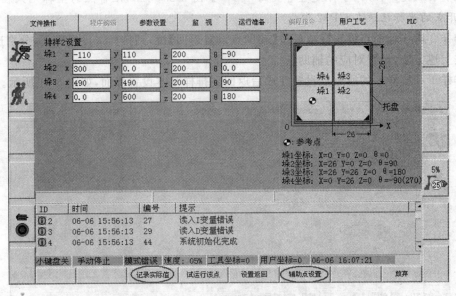

图5-19 排样的详细设置

排样2的垛1～4都是以排样1垛1的中心点(参考点)为零点,在用户(托盘)坐标系里偏移θ角,以右手螺旋法则来确定。垛1～4的坐标值既可以直接输入,也可以抓取工件到每个实际的位置后按【记录实际值】记录,记录完成后其对应的坐标会显示在图5-19所示界面。可通过按【试运行该点】验证设置是否正确。

每个垛的摆放位置设置完成后,需要设置辅助点,即准备放件点和离开点,在图5-19所示界面中,光标选中一个垛,按【辅助点设置】进入对应垛的辅助点设置界面,如图5-20所示。

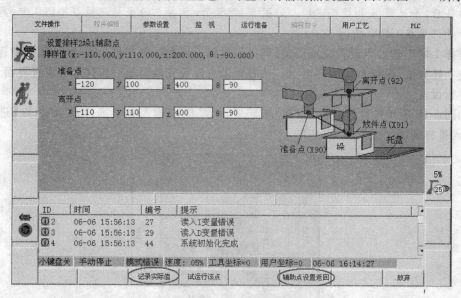

图5-20 对应垛的辅助点设置界面

说明: 图5-20中垛1的准备点在x、y方向坐标分别为－120和100,z向偏移坐标为400,说明工件是在高处和x、y负方向斜着放到放件点的位置的;离开点z向偏移坐标为400,说明当放完工件后,手抓是直着提高400。如图5-20所示,准备点的坐标记录在GP90中,离开点的坐标记录在GP92中。

排样2垛1辅助点设置完成后按【辅助点设置返回】键,到排样2设置界面,分别选择其他垛按上述方法,设置对应的辅助点。

排样1和排样2的所有点设置完成后返回到排样基本设置界面,如图5-21所示。

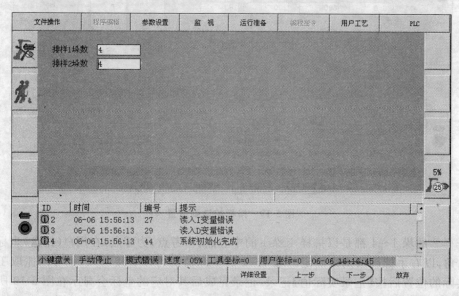

图5-21 排样基本设置界面

在图 5-21 所示界面按【下一步】进入层参数设置界面。

(4) 层参数设置

图 5-22 所示为总层数和每层的摆放方式设置界面。

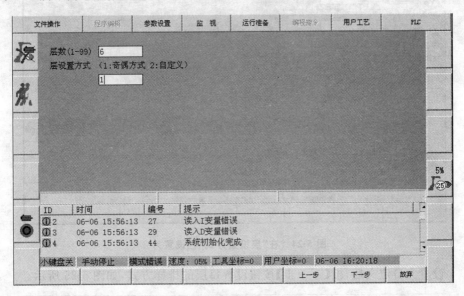

图 5-22 每层的摆放方式

图 5-22 所示界面中,"层数"表示总的码垛层数,设置范围为 1~99,本次举例为摆放 6 层,因此该数值设置为"6"。层设置方式表示每层的摆放方式,本次举例为奇偶摆放方式,因此该数值设置为"1"。按【下一步】按钮,进入下一个界面,设置每层的排样号,如图 5-23 所示。

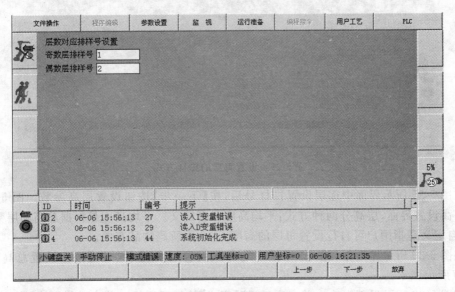

图 5-23 设置每层的排样号

在图 5-23 所示界面中,奇层按排样 1,偶层按排样 2 设置。按【下一步】按钮设置层高。

在层设置方式上也可每层自定义,在"层设置方式"栏设置为2,如图5-24所示。

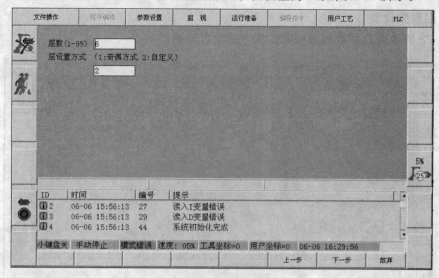

图5-24 在"层设置方式"栏设置为2

设置为自定义后,按【下一步】按钮设置每层的排样方式,如图5-25所示。

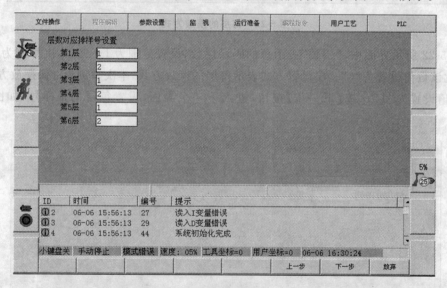

图5-25 设置每层的排样方式

在图5-25所示界面中逐层设置排样号后,按【下一步】按钮设置层高参数。图5-26所示为层高设置界面,层高分两种方式:平均高度和自定义。平均高度是根据总高和层数平均计算,自定义是指用户可自行设置每层的高度,这个跟所码物品有关。

在图5-26所示界面中,输入"1"按平均方式设置后,按【下一步】按钮设置总高度,如图5-27所示。

在图5-27所示界面中输入总高度后,按【完成】按钮后码垛工艺参数设置完成。下一步通过编辑程序实现码垛功能。

在高度设置时也可自定义高度,如图5-28所示。

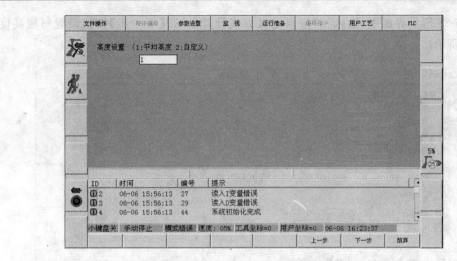

图 5-26 设置每层的高度模式

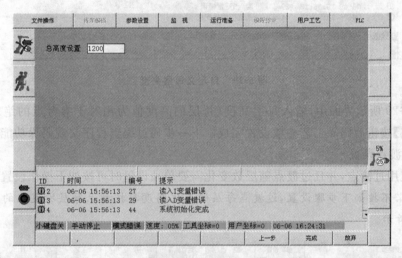

图 5-27 设置总高度

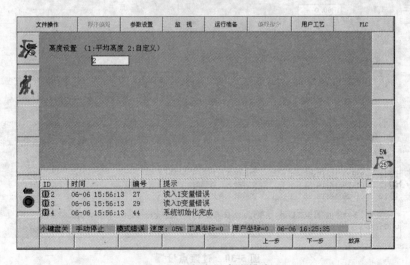

图 5-28 自定义高度模式

在图 5-28 所示界面中,输入"2"按自定义方式设置后,按【下一步】按钮设置每层高度,如图 5-29 所示。

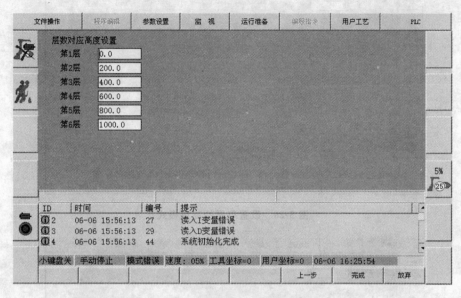

图 5-29 自定义每层高度

在图 5-29 所示界面中,输入每层高度(每层的高度值为相对于参考点的绝对高度值)后,按【完成】按钮后码垛工艺参数设置完成。下一步通过编辑程序实现码垛功能。

(5) 过渡点设置

若要使用过渡点,并且过渡点随层数变化需要单独设置时可按如下操作设置:

说明:若不按如下步骤设置,过渡点每层的变化高度与托盘上每层垛变化的高度一致,如图 5-30 所示。

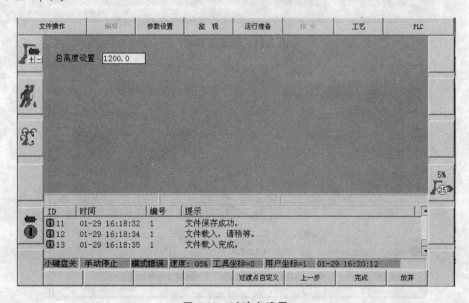

图 5-30 过渡点设置

当托盘层高设置好后,在图 5-30 所示界面中按【过渡点自定义】进入,如图 5-31 所示。

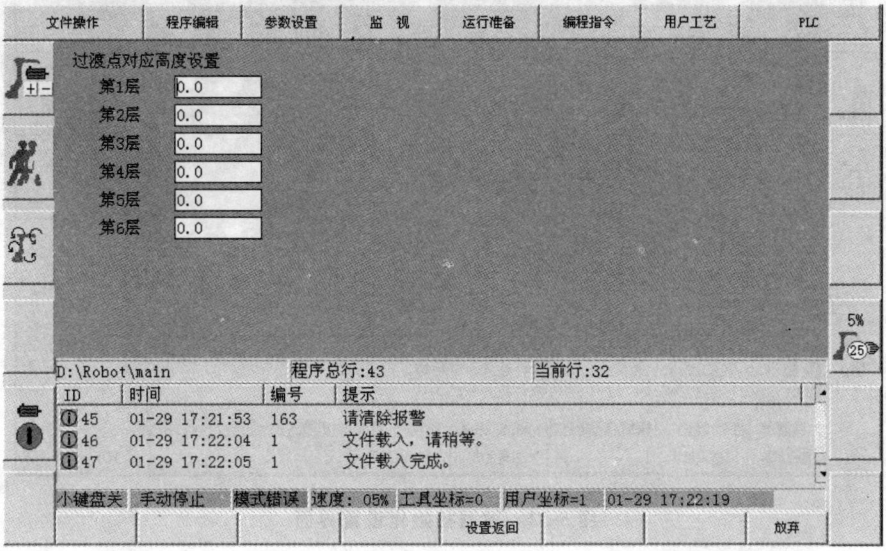

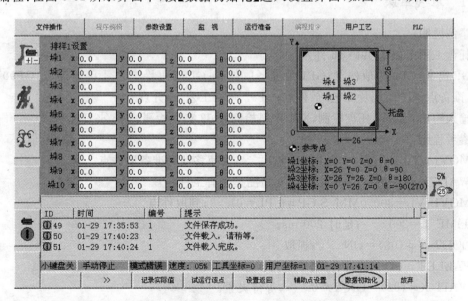

图 5-31　过渡点自定义

图 5-31 所示界面中分别设置每层过渡点相对于初始过渡的偏移量,按【设置返回】键,回到过渡点设置界面。按【完成】后码垛工艺参数设置完成。下一步通过编辑程序实现码垛功能。

(6) 矩阵布局的工艺设置

当托盘上的工件(垛)数量比较多,且成矩阵布局并没有角度的区别时,可采用如下工艺快速编程:在图 5-32 所示界面中,按【数据初始化】进入设置界面,如图 5-33 所示。

图 5-32　矩阵布局的工艺设置界面

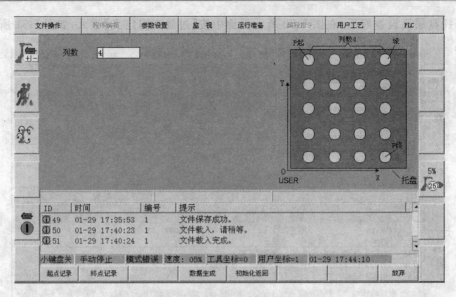

图 5-33 数据初始化设置界面

在图 5-33 所示界面中按图示输入列数,按图示分别将机器人开到"起点"和"终点"并记录。记录完成后按【数据生成】即可产生每个垛的坐标。按【初始化返回】即可返回到矩阵布局的工艺设置界面。

通过上述工艺,即可快速实现矩阵布局的托盘坐标设置,简化操作步骤。

5.3 码垛举例

5.3.1 单线单垛

举例说明:

托盘 1 用工艺 0,共码 16 件。

GP 定义:GP0 为取件点;GP1 为准备取件点;GP80 码垛工艺号 0,过渡点;GP90 码垛工艺,准备点;GP91 码垛工艺,放件点;GP92 码垛工艺,离开点。

输入输出口:X00 托盘检测,X01 来料检测,X02 夹紧检测,Y08 夹具控制。

参考程序:

MOVJ VJ=100.0% GP#1 PL=9   ;快速移动到准备取件点。

WAIT X#(01)=ON T=0   ;检测是否有工件。

MOVL VL=300.0MM/S GP#0 PL=0   ;到取件点。

TIME T=200   ;延时 200 ms。

DOUT Y#(08)=ON   ;抓取。

PALLET#(0)   ;执行码垛工艺 0 号。

WAIT X#(02)=ON T=0   ;等待夹紧。

MOVL VL=1000MM/S GP#1 PL=9   ;直线提起来。

WAIT X#(00)=ON T=0   ;检测是否有托盘。

```
MOVJ VJ=100% GP#80 PL=9        ;运行到过工艺 0 的过渡点。
MOVL VL=1500MM/S GP#90 PL=9    ;运行到准备放件点。
MOVL VL=500MM/S GP#91 PL=0     ;运行到放件点。
TIME T=200           ;延时 200 ms。
DOUT Y#(08)=OFF      ;松开工件。
INC GI#90            ;放完一个工件,自动加 1。
WAIT X#(02)=OFF T=0   ;等待松开到位。
IF GI#(90)<17        ;判断是否放完。
MOVL VL=1000MM/S GP#92 PL=9    ;没有放完提起来。
MOVJ VJ=100% GP#80 PL=9        ;运行到过工艺 0 的过渡点。
ELSE                 ;如果已经放完。
MOVL VL=1000MM/S GP#92 PL=9    ;提起来。
MOVJ VJ=100% GP#80 PL=9        ;运行到过工艺 0 的过渡点,到程序头运行。
SET GI#(90)1         ;从第一件开始。
WAIT X#(00)=OFF T=0  ;检测托盘是否拿开。
TIME T=5000          ;托盘拿开后延时 5 s。
END IF               ;程序从头运行。
```

5.3.2 单线双垛

举例说明:共码 16 件,托盘 1 用工艺 0,托盘 2 用工艺 1。

GP 定义:GP1 为准备取件点,GP0 为取件点输入输出口,X00 托盘 1 检测,X03 托盘 2 检测,X01 来料检测,X02 夹紧检测,Y08 夹具控制,Y09 码完指示灯。

参考程序:

```
IF X#(00)=1          ;判断 1 号托盘是否摆放好。
CALL PALLET0
DOUT Y#(09)=ON       ;码完指示灯亮。
WAIT X#(00)=OFF T=0  ;检测托盘 1 是否拿开。
SET GI#(90)1         ;从第一件开始。
DOUT Y#(09)=OFF      ;码完指示灯灭。
TIME T=5000          ;托盘拿开后延时 5 s。
ELSE IF X#(03)=1     ;判断 2 号托盘是否摆放好。
CALL PALLET1
DOUT Y#(09)=ON       ;码完指示灯亮。
WAIT X#(03)=OFF T=0  ;检测托盘 2 是否拿开。
SET GI#(90)1         ;从第一件开始。
DOUT Y#(09)=OFF      ;码完指示灯灭。
TIME T=5000          ;托盘拿开后延时 5 s。
END IF               ;程序从头运行。
```

PALLET 0：码托盘1。
WHILE GI#90＜17
MOVJ VJ=100.0％ GP#1 PL=9   ;快速移动到准备取件点。
WAIT X#(01)=ON T=0   ;检测是否有工件。
MOVL VL=300.0MM/S GP#0 PL=0   ;到取件点。
TIME T=200   ;延时 200 ms。
DOUT Y#(08)=ON   ;抓取。
PALLET#(0)   ;执行码垛工艺 0 号。
WAIT X#(02)=ON T=0   ;等待夹紧。
WAIT X#(00)=ON T=0   ;检测是否有托盘1。
MOVL VL=1000MM/S GP#1 PL=9   ;直线提起来。
MOVJ VJ=100％ GP#80 PL=9   ;运行到过工艺 0 的过渡点。
MOVL VL=1500MM/S GP#90 PL=9   ;运行到准备放件点。
MOVL VL=500MM/S GP#91 PL=0   ;运行到放件点。
TIME T=200   ;延时 200 ms。
DOUT Y#(08)=OFF   ;松开工件。
INC GI#90   ;放完一个工件，自动加 1。
WAIT X#(02)=OFF T=0   ;等待松开到位。
MOVL VL=1000MM/S GP#92 PL=9   ;没有放完提起来。
MOVJ VJ=100％ GP#80 PL=9   ;运行到过工艺 0 的过渡点。
ENDWHILE
RET

PALLET1:码托盘2。
WHILE GI#91＜17
MOVJ VJ=100.0％ GP#1 PL=9   ;快速移动到准备取件点。
WAIT X#(01)=ON T=0   ;检测是否有工件。
MOVL VL=300.0MM/S GP#0 PL=0   ;到取件点。
TIME T=200   ;延时 200 ms。
DOUT Y#(08)=ON   ;抓取。
PALLET#(1)   ;执行码垛工艺 1 号。
WAIT X#(02)=ON T=0   ;等待夹紧。
WAIT X#(03)=ON T=0   ;检测是否有托盘2。
MOVL VL=1000MM/S GP#1 PL=9   ;直线提起来。
MOVJ VJ=100％ GP#81 PL=9   ;运行到过工艺 1 的过渡点。
MOVL VL=1500MM/S GP#90 PL=9   ;运行到准备放件点。
MOVL VL=500MM/S GP#91 PL=0   ;运行到放件点。
TIME T=200   ;延时 200 ms。
DOUT Y#(08)=OFF   ;松开工件。

```
INC GI#91           ;放完一个工件,自动加 1。
WAIT X#(02)=OFF T=0       ;等待松开到位。
MOVL VL=1000MM/S GP#92 PL=9    ;没有放完提起来。
MOVJ VJ=100% GP#81 PL=9     ;运行到过工艺 1 的过渡点。
ENDWHILE
RET
```

5.3.3 双线双垛

举例说明:共码 16 件,托盘 1 用工艺 0,托盘 2 用工艺 1。

GP 定义:GP3 为线 2 准备取件点,GP2 为线 2 取件点,GP1 为线 1 准备取件点,GP0 为线 1 取件点。

输入输出口:X00 托盘 1 检测,X03 托盘 2 检测,X01 线 1 来料检测,X04 线 2 来料检测,X02 夹紧检测,Y08 夹具控制,Y09 码完指示灯辅助继电器。

M300 1 线 1 托盘合成辅助继电器;通过编辑 PLC 实现,即 1 号线有工件,并且 1 号托盘存在时,该辅助继电器有效。

M301 2 线 2 托盘合成辅助继电器;通过编辑 PLC 实现,即 2 号线有工件,并且 2 号托盘存在时,该辅助继电器有效。

说明: PLC 编辑内容

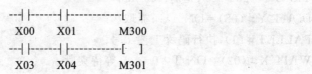

```
码线 1 托盘 1
IF GI#(90)<17        ;判断 1 号托盘是否放完。
IF M#(300)=1        ;判断 1 线 1 号托盘是否放完。
MOVJ VJ=100.0% GP#1 PL=9    ;快速移动到线 1 准备取件点。
WAIT X#(01)=ON T=0      ;检测是否有工件。
MOVL VL=300.0MM/S GP#0 PL=0   ;到取件点。
TIME T=200         ;延时 200 ms。
DOUT Y#(08)=ON       ;抓取。
PALLET#(0)         ;执行码垛工艺 0 号。
WAIT X#(02)=ON T=0      ;等待夹紧。
WAIT X#(00)=ON T=0      ;检测是否有托盘 1。
MOVL VL=1000MM/S GP#1 PL=9   ;直线提起来。
MOVJ VJ=100% GP#80 PL=9    ;运行到过工艺 0 的过渡点。
MOVL VL=1500MM/S GP#90 PL=9  ;运行到准备放件点。
MOVL VL=500MM/S GP#91 PL=0   ;运行到放件点。
TIME T=200         ;延时 200 ms。
DOUT Y#(08)=OFF       ;松开工件。
INC GI#90          ;放完一个工件,自动加 1。
```

```
WAIT X#(02)=OFF T=0        ;等待松开到位。
MOVL VL=1000MM/S GP#92 PL=9    ;提起来。
MOVJ VJ=100% GP#80 PL=9       ;运行到过工艺0的过渡点。
END IF       ;码完一垛(工件)。
ELSE         ;已经码完一个托盘。
DOUT Y#(09)=ON      ;码完指示灯亮。
IF X#(00)=OFF       ;判断托盘是否运走。
SET GI#(90)1        ;从第一件开始。
DOUT Y#(09)=OFF     ;码完指示灯灭。
END IF       ;线1托盘1进程结束,到下一行判断线2托盘2。

码线2托盘2
IF GI#(91)<17       ;判断2号托盘是否放完。
IF M#(301)=1        ;判断2线、2号托盘是否放完。
MOVJ VJ=100.0% GP#3 PL=9      ;快速移动到线2准备取件点。
WAIT X#(04)=ON T=0       ;检测线2是否有工件。
MOVL VL=300.0MM/S GP#2 PL=0     ;运行到线2取件点。
TIME T=200       ;延时200 ms。
DOUT Y#(08)=ON      ;抓取。
PALLET#(1);执行码垛工艺1号。
WAIT X#(02)=ON T=0       ;等待夹紧。
WAIT X#(03)=ON T=0       ;检测是否有托盘2。
MOVL VL=1000MM/S GP#3 PL=9     ;直线提起来。
MOVJ VJ=100% GP#81 PL=9       ;运行到过工艺1的过渡点。
MOVL VL=1500MM/S GP#90 PL=9     ;运行到准备放件点。
MOVL VL=500MM/S GP#91 PL=0     ;运行到放件点。
TIME T=200       ;延时200 ms。
DOUT Y#(08)=OFF     ;松开工件。
INC GI#91       ;放完一个工件,自动加1。
WAIT X#(02)=OFF T=0        ;等待松开到位。
MOVL VL=1000MM/S GP#92 PL=9    ;提起来。
MOVJ VJ=100% GP#81 PL=9       ;运行到过工艺1的过渡点。
END IF       ;码完一垛(工件)。
ELSE         ;已经码完一个托盘。
DOUT Y#(09)=ON      ;码完指示灯亮。
IF X#(03)=OFF       ;判断托盘是否运走。
SET GI#(91)1        ;从第一件开始。
DOUT Y#(09)=OFF     ;码完指示灯灭。
END IF       ;线2托盘2进程结束,返回程序首判断线1托盘1。
```

5.3.4 单双层单线单垛

举例说明：

托盘 1 用工艺 1，共码 30 件，6 层，每层 5 垛，分奇偶层。

GP 定义：GP1 为正抓准备取件点，GP0 为正抓取件点，GP3 为反抓准备取件点，GP2 为反抓取件点。

输入输出口：X00 托盘检测，X01 来料检测，X02 夹紧检测，M162 夹具控制（注：编辑了 PLC 程序 M162-Y00），Y03 放满指示灯。

如图 5-34 所示，缝纫侧封口处始终向内，这样情况下排样 2 的 3、4、5 号垛需要反抓，这样 4 轴才能达到放置位置。也就是 8、9、10、18、19、20、28、29、30 号垛要反抓。

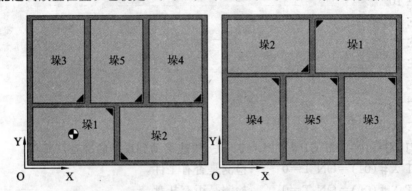

图 5-34　排样 1（奇数层）和排样 2（偶数层）

工艺设置点位路径，如图 5-35 所示。

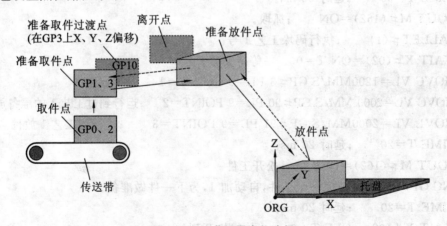

图 5-35　工艺设置点位路径

说明： 准备取件过渡点是在 GP3 的 Z 向正方向偏移 50 mm 左右，X、Y 方向向排样 2（2 层）2 号垛的准备放件点方向偏移 100 mm 左右。离开点只有排样 2（2 层）2 号垛需要设置，它在排样 2（2 层）2 号垛的准备放件点与 GP10 之间。

参考程序：

SWITCH GI#（91）

CASE 31　　　;判断是否放完

```
DOUT Y#(03)=ON            ;输出指示放满面。
WAIT X#(00)=OFF T=0       ;检测托盘是否拿开。
SET GI#(90)1              ;从第一件开始。
TIME T=5000               ;托盘拿开后延时 5 s。
DOUT Y#(03)=OFF           ;输出指示放满面。
WAIT X#(00)=ON T=0        ;检测托盘再次放好(也可等待按钮指令)。
BREAK          ;返回 CASE,放完了,重新开始。
CASE 8         ;判断需要反抓的件,8、9、10、18、19、20、28、29、30 是这种情况。
CASE 9
CASE 10
CASE 18
CASE 19
CASE 20
CASE 28
CASE 29
CASE 30
MOVJ VJ=100.0% GP#3 PL=9            ;快速移动到反抓的准备取件点。
WAIT X#(01)=ON T=0        ;检测是否有工件。
WAIT X#(00)=ON T=0        ;检测是否有托盘。
MOVL VL=1000.0MM/S GP#2 PL=0        ;到取件点。
TIME T=50      ;延时 50 ms。
DOUT M#(162)=ON           ;抓取。
PALLET#(1)     ;执行码垛工艺 1 号。
WAIT X#(02)=ON T=0        ;等待夹紧。
MOVC VL=1200MM/S GP#3 PL=9 POINT=1  ;提起来。
MOVC VL=2000 MM/S GP#90 PL=9 POINT=2 ;运行到过工艺 1 的准备放件点。
MOVL VL=2000MM/S GP#91 PL=9 POINT=3  ;运行到工艺 1 放件点。
TIME T=20      ;延时 20 ms。
DOUT M#(162)=OFF          ;松开工件。
INC GI#91      ;放完一个工件,自动加 1,为下一件做准备。
TIME T=20      ;延时 20 ms。
WAIT X#(02)=OFF T=0       ;等待松开到位。
IF GI#(91)==11            ;判断 8、9、10 是否放完。
MOVC VL=2000MM/S GP91 PL=9 POINT=1   ;放完回到正抓的准备取件点。
MOVC VL=2000MM/S GP90 PL=9 POINT=2
MOVC VL=2000MM/S GP1 PL=9 POINT=3
ELSEIF GI#(91)==21        ;判断 18、19、20 是否放完。
MOVC VL=2000MM/S GP91 PL=9 POINT=1   ;放完回到正抓的准备取件点。
MOVC VL=2000MM/S GP90 PL=9 POINT=2
```

MOVC VL=2000MM/S GP1 PL=9 POINT=3
ELSEIF GI♯(91)==31   ;判断 28、29、30 是否放完。
MOVC VL=2000MM/S GP91 PL=9 POINT=1   ;放完回到正抓的准备取件点。
MOVC VL=2000MM/S GP90 PL=9 POINT=2
MOVC VL=2000MM/S GP1 PL=9 POINT=3
ELSE
MOVC VL=2000MM/S GP91 PL=9 POINT=1   ;未放完回到反抓的准备取件点。
MOVC VL=2000MM/S GP90 PL=9 POINT=2
MOVC VL=2000MM/S GP3 PL=9 POINT=3
ENDIF
BREAK   ;返回 CASE 的。
DEFAULT   ;不是 8、9、10；18、19、20；28、29、30 号工件。
MOVJ VJ=100.0% GP♯1 PL=9   ;快速移动到正抓的准备取件点。
WAIT X♯(01)=ON T=0   ;检测是否有工件。
WAIT X♯(00)=ON T=0   ;检测是否有托盘。
MOVL VL=1000.0MM/S GP♯0 PL=0   ;到取件点。
TIME T=50   ;延时 50 ms。
DOUT M♯(162)=ON;抓取。
PALLET♯(1)   ;执行码垛工艺 1 号。
WAIT X♯(02)=ON T=0   ;等待夹紧。
MOVL VL=1200MM/S GP♯1 PL=9   ;直线提起来。
MOVC VL=2000 MM/S GP♯90 PL=9 POINT=2   ;运行到过工艺 1 的准备放件点。
MOVL VL=2000MM/S GP♯91 PL=9 POINT=3   ;运行到放件点。
TIME T=20   ;延时 20 ms。
DOUT M♯(162)=OFF   ;松开工件。
INC GI♯91   ;放完一个工件，自动加 1，为下一件做准备。
TIME T=20   ;延时 20 ms。
WAIT X♯(02)=OFF T=0   ;等待松开到位。
IF GI♯(91)==8   ;判断下件是否反抓。
MOVC VL=2000MM/S GP91 PL=9 POINT=1;回到反抓的准备取件点。
MOVC VL=2000MM/S GP90 PL=9 POINT=2
MOVC VL=2000MM/S GP92 PL=9 POINT=3   ;走两段圆弧，因为已经超出 180°。
MOVC VL=2000MM/S GP92 PL=9 POINT=1
MOVC VL=2000MM/S GP10 PL=9 POINT=2
MOVC VL=2000MM/S GP3 PL=9 POINT=3
ELSEIF GI♯(91)==18
MOVC VL=2000MM/S GP91 PL=9 POINT=1   ;回到反抓的准备取件点。
MOVC VL=2000MM/S GP90 PL=9 POINT=2
MOVC VL=2000MM/S GP92 PL=9 POINT=3   ;走两段圆弧，因为已经超出 180°。

MOVC VL=2000MM/S GP92 PL=9 POINT=1
MOVC VL=2000MM/S GP10 PL=9 POINT=2
MOVC VL=2000MM/S GP3 PL=9 POINT=3
ELSEIF GI#(91)==28
MOVC VL=2000MM/S GP91 PL=9 POINT=1   ;回到反抓的准备取件点。
MOVC VL=2000MM/S GP90 PL=9 POINT=2
MOVC VL=2000MM/S GP92 PL=9 POINT=3   ;走两段圆弧,因为已经超出180°。
MOVC VL=2000MM/S GP92 PL=9 POINT=1
MOVC VL=2000MM/S GP10 PL=9 POINT=2
MOVC VL=2000MM/S GP3 PL=9 POINT=3
ELSE   ;不是反抓工件。
MOVC VL=2000MM/S GP91 PL=9 POINT=1   ;回到正抓的准备取件点。
MOVC VL=2000MM/S GP90 PL=9 POINT=2
MOVC VL=2000MM/S GP1 PL=9 POINT=3
ENDIF
BREAK   ;返回 CASE 的。
ENDSWITCH

5.3.5 单双层单线双垛

单双层单线双垛现场布局,如图 5-36 所示。

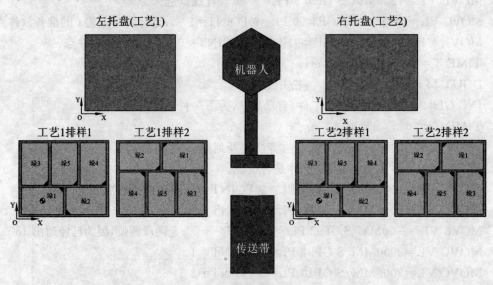

图 5-36 单双层单线双垛现场布局

举例说明:每个托盘码 10 层,每层码 5 包。

左托盘(工艺 1),排样 1 为奇数层,排样 2 为偶数层。右托盘(工艺 2),排样 1 为奇数层,排样 2 为偶数层。

左托盘(工艺1)排样1的所有垛和排样2的1、2垛正抓,排样2的3、4、5垛反抓。
右托盘排样1的所有垛和排样2的1垛反抓,排样2的2、3、4、5垛正抓。

外部接口信号说明:

X06 压紧检测信号。
X07 左托盘检测信号。
X08 右托盘检测信号。
X09 防护1(左)检测。
X10 防护2(右)检测。
X11 抓手辊信号检测(表示有料可以抓了)。
X12 整形辊信号检测(表示来料了)。
X13 左托盘启动信号(有托盘后按下按钮开始码左托盘)。
X15 右托盘启动信号(有托盘后按下按钮开始码右托盘)。
X14 总启动信号,该信号无效机器人不能继续运动,传送线停下来(在码垛程序里多处检测)。
Y00 DC1 抓手控制,有效夹紧,无效松开。
Y01 DC2 压板控制,有效压紧,无效松开。
Y02 抓手辊转动控制。系统内部PLC控制,X11信号有效停止访信号,同时受X14控制。
Y03 整形辊转动控制。
Y04 下滑控制。
Y05 放到控制。系统内部PLC控制,X11、X12信号有效停止访信号,同时受X14控制。
Y14 装满指示灯控制,该信号有效表示有一垛已经装满(M174左线满,M175右线满)。
Y15 码垛指示灯控制,该信号有效表示正在码垛。

系统还需增加如图5-37所示梯图来配合码垛程序运行。

图 5-37 码垛程序梯图 1

其中:面板M162控制夹抓;面板M163控制夹抓;Y002内压板抓手;Y003辊有料或总启动信号无效;Y004停止抓手;Y005辊转动。

抓手辊、整形辊同时有料或者总启动信号无效时停止传动链运动,梯形图如图 5-38 所示。

```
0033
X009 M170                                    T040
──┤├──┤/├─────────────────────────────────────( )
0034                                          K0005
T040                                          M171
──┤├──────────────────────────────────────────(S)
0035
M130
──┤├──
0036
M174 X009                                     Y014
──┤├──┤├──────────────────────────────────────(R)
0037
M175 X010
──┤├──┤├──
0038
X010 M172                                     T041
──┤├──┤/├─────────────────────────────────────( )
0039                                          K0005
T041                                          M173
──┤├──────────────────────────────────────────(S)
0040
M130
──┤├──
```

图 5-38　码垛程序梯图 2

当码满后,叉车(X009)开入 5 s 后将 M170 置位,表示托盘为空。M130 第一次上电,自动置位;左(M174)、右(M175)托盘码满后叉车进入,清除码满指示灯。当码满后,叉车(X010)开入 5 s 后将 M172 置位,表示托盘为空。M130 第一次上电,自动置位。

变量使用情况说明:

GP1 为正抓准备取件点。

GP0 为正抓取件点。

GP4 为正抓过渡点(左托盘),就是 GP1 往 GP91 走的中间点,注意 Z 方向要比 GP1 高才行。

GP10 为正抓取件等待点(在该处等待来料后,再运行到 GP0 抓料)。

GP8 为正抓过渡点(右托盘)。

GP13 为反抓 GP1 与 GP8 的过渡点(右托盘)。

GP14 为反抓 GP8 与 GP91 的过渡点(这个点要与 GP9 有点距离,并且要高于最高的一层垛)(右托盘)。

GP3 为反抓准备取件点。

GP2 为反抓取件点。

GP5 为反抓过渡点(左托盘)。

GP6 为反抓 GP3 与 GP5 的过渡点(左托盘)。

GP7 为反抓 GP5 与 GP91 的过渡点(这个点要与 GP5 有点距离,并且要高于最高的一层垛)(左托盘)。

GP12 为反抓取件等待点(在该处等待来料后,再运行到 GP2 抓料)。

GP9 为反抓过渡点(右托盘)。

主程序：
IF X♯(13)==ON 0   ;左线启动信号。
IF X♯(7)==ON 1   ;判断是否有左托盘。
IF M♯(171)==ON 2   ;确认左托盘是否为空的。
DOUT M♯(130)==OFF   ;关闭上电状态继电器(为码垛准备)。
SET GI♯(92)==1.000   ;清除右托盘的码放数据。
CALL left   ;调用左托盘工艺文件。
ENDIF 2
ENDIF 1
ELSIF X♯(15)==ON 0   ;右线启动信号。
IF X♯(8)==ON 3   ;判断是否有右托盘。
IF M♯(173)==ON 4   ;确认右托盘是否为空的。
SET GI♯(91) 1.000   ;清除左托盘的码放数据。
DOUT M♯(130)=OFF   ;关闭上电状态继电器(为码垛准备)。
CALL right   ;调用右托盘工艺文件。
ENDIF 4
ENDIF 3
ENDIF 0

左托盘子程序：left
DOUT M♯(170)=ON   ;清除码垛标志。
WHILE GI♯(91)<=51 0 ;判断码的数量。
SWITCH GI♯(91) 0   ;判断是否码满，未满时是该正抓还是反抓。
CASE 51 0   ;是否为 51 包，51 包表示码满。
DOUT Y♯(15)=OFF   ;已码满，清除码垛指示灯。
DOUT M♯(174)=ON   ;置码满标志(用来熄灭码垛指示灯)。
DOUT Y♯(14)=ON   ;点亮码满指示灯。
DOUT M♯(170)=OFF   ;置码满标志(用来判断在码垛后是否换一个空托盘)。
INC GI♯(91)   ;把垛数加 1，好跑出该子程序回到主程序。
BREAK 0   ;CASE 51 0 的返回。
CASE 8 0   ;判断是否为排样 2 的 3、4、5 垛，这些垛需要反抓。
CASE 9 0
CASE 10 0
CASE 18 0
CASE 19 0
CASE 20 0
CASE 28 0
CASE 29 0
CASE 30 0
CASE 38 0

CASE 39 0
CASE 40 0
CASE 48 0
CASE 49 0
CASE 50 0
DOUT Y#(15)=ON   ;点亮码垛中指示灯。
DOUT M#(174)=OFF   ;清除码满标志。
DOUT M#(162)=OFF   ;打开手抓。
DOUT M#(163)=OFF   ;打开手抓内压板。
WTAIT X#(6)==OFF T=0   ;检测手抓是否打开到位。
MOVJ VJ=65% GP#3 PL=9   ;运动到反抓准备取件点。
MOVL VL=1000.0MM/S GP#12 PL=9   ;运动到反抓取件点等待。
WAIT X#(11)==ON T=0   ;检测抓手辊上是否有料。
MOVL VL=500.0MM/S GP#2 PL=0   ;运动到反抓取件点。
TIME T=50   ;延时 50 ms 确保手抓准确到位。
WAIT X#(14)==ON T=0   ;确认总启动信号有效。
WAIT X#(9)==OFF T=0   ;确认没有人员进入机器人工作区。
DOUT M#(162)=ON   ;夹紧手抓。
DOUT M#(163)=ON   ;压板压下。
WTAIT X#(6)==ON T=0   ;检测手抓是否夹紧到位。
WTAIT X#(7)==ON T=0   ;判断是否有左托盘。
PALLET#1   ;执行 1 号工艺,计算摆放位置做准备。
MOVC VL=1200.0MM/S GP#3 PL=9 POINT=1   ;提起。
MOVC VL=2000.0MM/S GP#6 PL=9 POINT=2   ;运动圆弧 1 的第 2 点。
MOVC VL=2000.0MM/S GP#5 PL=9 POINT=3   ;运动圆弧 1 的第 3 点。
MOVC VL=2000.0MM/S GP#7 PL=9 POINT=2   ;运动圆弧 2 的第 2 点。
MOVC VL=2000.0MM/S GP#91 PL=9 POINT=3   ;运动圆弧 2 的第 3 点,放件点。
WAIT X#(9)==OFF T=0   ;确认没有人员进入机器人工作区。
WTAIT X#(7)==ON T=0   ;判断是否有左托盘。
DOUT M#(162)=OFF   ;打开手抓。
DOUT M#(163)=OFF   ;打开手抓内压板。
WTAIT X#(6)==OFF T=0   ;检测手抓是否打开到位。
WAIT X#(14)==ON T=0   ;确认总启动信号有效。
WAIT X#(9)==OFF T=0   ;确认没有人员进入机器人工作区。
INC GI#(91)   ;放完 1 件,把垛数加 1。
TIME T=50   ;延时 50 ms,确保手抓打开准确到位(可以不要)。
SWITCH GI#(91)1   ;判断是回正抓准备取件点,还是反抓准备取件点。
CASE 11 1   ;如果是 11、21、31、41(这次都是正抓的开始),要把抓手回到 GP1 的位置。
CASE 21 1

CASE 31 1
CASE 41 1
MOVC VL=2000.0MM/S GP#91 PL=9 POINT=1   ;运动圆弧的第1点,也是目前点。
MOVC VL=2000.0MM/S GP#4 PL=9 POINT=2   ;运动圆弧的第2点。
MOVC VL=2000.0MM/S GP#1 PL=9 POINT=3   ;运动到正抓准备取件点。
BREAK 1
DEFAULT 1   ;不是 11、21、31、41,还是回反抓点。
MOVC VL=1200.0MM/S GP#91 PL=9 POINT=1
MOVC VL=2000.0MM/S GP#7 PL=9 POINT=2
MOVC VL=2000.0MM/S GP#5 PL=9 POINT=3
MOVC VL=2000.0MM/S GP#6 PL=9 POINT=2
MOVC VL=2000.0MM/S GP#3 PL=9 POINT=3   ;运动到反抓准备取件点。
BREAK 1
ENDSWITCH1   ;判断是回正抓准备取件点,还是在反抓准备取件点结束。
BREAK 0
DEFAULT 0   ;不是排样2的3、4、5垛,这些垛需要正抓。
DOUT Y#(15)=ON   ;点亮码垛中指示灯。
DOUT M#(174)=OFF   ;清除码满标志。
DOUT M#(162)=OFF   ;打开手抓。
DOUT M#(163)=OFF   ;打开手抓内压板。
WTAIT X#(6)==OFF T=0 ;检测手抓是否打开到位。
MOVJ VJ=65% GP#1 PL=9   ;运动到正抓准备取件点。
MOVL VL=1000.0MM/S GP#10 PL=9   ;运动到正抓取件等待。
WAIT X#(11)==ON T=0   ;检测抓手辊上是否有料。
MOVL VL=500.0MM/S GP#0 PL=0   ;运动到正抓取件点。
TIME T=50   ;延时 50 ms 确保手抓准确到位。
WAIT X#(14)==ON T=0   ;确认总启动信号有效。
WAIT X#(9)==OFF T=0   ;确认没有人员进入机器人工作区。
DOUT M#(162)=ON   ;夹紧手抓。
DOUT M#(163)=ON   ;压板压下。
WTAIT X#(6)==ON T=0   ;检测手抓是否夹紧到位。
WTAIT X#(7)==ON T=0   ;判断是否有左托盘。
PALLET#1   ;执行1号工艺,计算摆放位置做准备。
MOVC VL=1200.0MM/S GP#1 PL=9 POINT=1   ;提起。
MOVC VL=2000.0MM/S GP#4 PL=9 POINT=2   ;运动圆弧1的第2点。
MOVC VL=2000.0MM/S GP#91 PL=9 POINT=3   ;运动圆弧2的第3点,放件点。
WAIT X#(14)==ON T=0   ;确认总启动信号有效。
WAIT X#(9)==OFF T=0   ;确认没有人员进入机器人工作区。
WTAIT X#(7)==ON T=0   ;判断是否有左托盘。

```
DOUT M#(162)=OFF          ;打开手抓。
DOUT M#(163)=OFF          ;打开手抓内压板。
WTAIT X#(6)==OFF T=0      ;检测手抓是否打开到位。
WAIT X#(14)==ON T=0       ;确认总启动信号有效。
WAIT X#(9)==OFF T=0       ;确认没有人员进入机器人工作区。
INC GI#(91)               ;放完 1 件,把垛数加 1。
TIME T=50                 ;延时 50 ms 确保手抓打开准确到位(可以不要)。
SWITCH GI#(91)2           ;判断是回正抓准备取件点,还是反抓准备取件点。
CASE 8 2                  ;如果是 8、18、28、38、48(这次都是反抓的开始),把抓手回到 GP3 的位置。
CASE 18 2
CASE 28 2
CASE 38 2
CASE 48 2
MOVC VL=2000.0MM/S GP#91 PL=9 POINT=1  ;运动圆弧的第 1 点,也是目前点。
MOVC VL=2000.0MM/S GP#5 PL=9 POINT=2   ;运动圆弧的第 2 点。
MOVC VL=2000.0MM/S GP#3 PL=9 POINT=3   ;运动到反抓准备取件点。
BREAK 2
DEFAULT 2                 ;不是 8、18、28、38、48,还是回反抓点。
MOVC VL=1200.0MM/S GP#91 PL=9 POINT=1
MOVC VL=2000.0MM/S GP#4 PL=9 POINT=2
MOVC VL=2000.0MM/S GP#1 PL=9 POINT=3   ;运动到反抓准备取件点。
BREAK 2
ENDSWITCH2                ;判断是回正抓准备取件点,还是在反抓准备取件点结束。
BREAK 0
ENDSWITCH0                ;判断是否码满,未满时是该正抓还是反抓,结束。
ENDSHILE 0                ;判断码垛数量结束,已码满并处理。
SET GI#(91)1.000
DOUT M#(171)=OFF          ;清除标志,需要等到叉车换新托盘。
RET                       ;返回主程序。


右托盘子程序:right。
DOUT M#(172)=ON           ;清除码垛标志。
WHILE GI#(92)<=51  0      ;判断码的数量。
SWITCH GI#(92) 0          ;判断是否码满,未满时是该正抓还是反抓。
CASE 51 0                 ;是否为 51 包,51 包表示码满。
DOUT Y#(15)=OFF           ;已码满,清除码垛指示灯。
DOUT M#(175)=ON           ;置码满标志(用来熄灭码垛指示灯)。
DOUT Y#(14)=ON            ;点亮码满指示灯。
DOUT M#(172)=OFF          ;置码满标志(用来判断在码垛后是否换一个空托盘)。
```

```
INC GI#(92)              ;把垛数加1,好跑出该子程序回到主程序。
BREAK 0                  ;CASE 51 0 的返回。
CASE 7 0                 ;判断是否为排样2的2、3、4、5垛,这些垛需要正抓。
CASE 8 0
CASE 9 0
CASE 10 0
CASE 17 0
CASE 18 0
CASE 19 0
CASE 20 0
CASE 27 0
CASE 28 0
CASE 29 0
CASE 30 0
CASE 37 0
CASE 38 0
CASE 39 0
CASE 40 0
CASE 47 0
CASE 48 0
CASE 49 0
CASE 50 0
DOUT Y#(15)=ON           ;点亮码垛中指示灯。
DOUT M#(174)=OFF         ;清除码满标志。
DOUT M#(162)=OFF         ;打开手抓。
DOUT M#(163)=OFF         ;打开手抓内压板。
WTAIT X#(6)==OFF T=0     ;检测手抓是否打开到位。
MOVJ VJ=65% GP#1 PL=9    ;运动到正抓准备取件点。
MOVL VL=1000.0MM/S GP#10 PL=9   ;运动到正抓取件点等待。
WAIT X#(11)==ON T=0      ;检测抓手辊上是否有料。
MOVL VL=500.0MM/S GP#0 PL=0     ;运动到正抓取件点。
TIME T=50                ;延时50 ms确保手抓准确到位。
WAIT X#(14)==ON T=0      ;确认总启动信号有效。
WAIT X#(10)==OFF T=0     ;确认没有人员进入机器人工作区。
DOUT M#(162)=ON          ;夹紧手抓。
DOUT M#(163)=ON          ;压板压下。
WTAIT X#(6)==ON T=0      ;检测手抓是否夹紧到位。
WTAIT X#(8)==ON T=0      ;判断是否有右托盘。
PALLET#2                 ;执行2号工艺,计算摆放位置做准备。
```

```
MOVC VL=1200.0MM/S GP#1 PL=9 POINT=1      ;提起。
MOVC VL=2000.0MM/S GP#13 PL=9 POINT=2     ;运动圆弧1的第2点。
MOVC VL=2000.0MM/S GP#8 PL=9 POINT=3      ;运动圆弧1的第3点。
MOVC VL=2000.0MM/S GP#14 PL=9 POINT=2     ;运动圆弧2的第2点。
MOVC VL=2000.0MM/S GP#91 PL=9 POINT=3     ;运动圆弧2的第3点,放件点。
WAIT X#(14)==ON T=0        ;确认总启动信号有效。
WAIT X#(10)==OFF T=0       ;确认没有人员进入机器人工作区。
WTAIT X#(8)==ON T=0        ;判断是否有右托盘。
DOUT M#(162)=OFF           ;打开手抓。
DOUT M#(163)=OFF           ;打开手抓内压板。
WTAIT X#(6)==OFF T=0       ;检测手抓是否打开到位。
WAIT X#(14)==ON T=0        ;确认总启动信号有效。
WAIT X#(10)==OFF T=0       ;确认没有人员进入机器人工作区。
INC GI#(92)                ;放完1件,把垛数加1。
TIME T=50                  ;延时50 ms确保手抓打开准确到位(可以不要)。
SWITCH GI#(92)1            ;判断是回正抓准备取件点,还是反抓准备取件点。
CASE 1 1                   ;如果是11、21、31、41(这次都是反抓的开始),要把抓手回到GP3的位置。
CASE 21 1
CASE 31 1
CASE 41 1
MOVC VL=2000.0MM/S GP#91 PL=9 POINT=1     ;运动圆弧的第1点,也是目前点。
MOVC VL=2000.0MM/S GP#9 PL=9 POINT=2      ;运动圆弧的第2点。
MOVC VL=2000.0MM/S GP#3 PL=9 POINT=3      ;运动到反抓准备取件点。
BREAK 1
DEFAULT 1                  ;不是11、21、31、41,还是回正抓点。
MOVC VL=1200.0MM/S GP#91 PL=9 POINT=1
MOVC VL=2000.0MM/S GP#14 PL=9 POINT=2
MOVC VL=2000.0MM/S GP#8 PL=9 POINT=3
MOVC VL=2000.0MM/S GP#13 PL=9 POINT=2
MOVC VL=2000.0MM/S GP#1 PL=9 POINT=3      ;运动到正抓准备取件点。
BREAK 1
ENDSWITCH1                 ;判断是回正抓准备取件点,还是在反抓准备取件点结束。
BREAK 0
DEFAULT 0                  ;不是排样2的2、3、4、5垛,这些垛需要反抓。
DOUT Y#(15)=ON             ;点亮码垛中指示灯。
DOUT M#(175)=OFF           ;清除码满标志。
DOUT M#(162)=OFF           ;打开手抓。
DOUT M#(163)=OFF           ;打开手抓内压板。
WTAIT X#(6)==OFF T=0       ;检测手抓是否打开到位。
```

MOVJ VJ=65% GP#3 PL=9   ;运动到反抓准备取件点。
MOVL VL=1000.0MM/S GP#12 PL=9   ;运动到反抓取件点等待。
WAIT X#(11)==ON T=0   ;检测抓手辊上是否有料。
MOVL VL=500.0MM/S GP#2 PL=0   ;运动到反抓取件点。
TIME T=50   ;延时 50 ms 确保手抓准确到位。
WAIT X#(14)==ON T=0   ;确认总启动信号有效。
WAIT X#(10)==OFF T=0   ;确认没有人员进入机器人工作区。
DOUT M#(162)=ON   ;夹紧手抓。
DOUT M#(163)=ON   ;压板压下。
WTAIT X#(6)==ON T=0   ;检测手抓是否夹紧到位。
WTAIT X#(8)==ON T=0   ;判断是否有右托盘。
PALLET#2   ;执行 2 号工艺,计算摆放位置做准备。
MOVC VL=1200.0MM/S GP#3 PL=9 POINT=1   ;提起。
MOVC VL=2000.0MM/S GP#9 PL=9 POINT=2   ;运动圆弧 1 的第 2 点。
MOVC VL=2000.0MM/S GP#91 PL=9 POINT=3   ;运动圆弧 2 的第 3 点,放件点。
WAIT X#(14)==ON T=0   ;确认总启动信号有效。
WAIT X#(10)==OFF T=0   ;确认没有人员进入机器人工作区。
WTAIT X#(8)==ON T=0   ;判断是否有右托盘。
DOUT M#(162)=OFF   ;打开手抓。
DOUT M#(163)=OFF   ;打开手抓内压板。
WTAIT X#(6)==OFF T=0   ;检测手抓是否打开到位。
WAIT X#(14)==ON T=0   ;确认总启动信号有效。
WAIT X#(10)==OFF T=0   ;确认没有人员进入机器人工作区。
INC GI#(92)   ;放完 1 件,把垛数加 1。
TIME T=50   ;延时 50 ms 确保手抓打开准确到位(可以不要)。
SWITCH GI#(92) 2   ;判断是回正抓准备取件点,还是反抓准备取件点。
CASE 7 2   ;如果是 7、17、27、37、47(这次都是正抓的开始),要把抓手回到 GP1 的位置。
CASE 17 2
CASE 27 2
CASE 37 2
CASE 47 2
MOVC VL=1200.0MM/S GP#91 PL=9 POINT=1
MOVC VL=2000.0MM/S GP#14 PL=9 POINT=2
MOVC VL=2000.0MM/S GP#8 PL=9 POINT=3
MOVC VL=2000.0MM/S GP#13 PL=9 POINT=2
MOVC VL=2000.0MM/S GP#1 PL=9 POINT=3   ;运动到正抓准备取件点。
BREAK 2
DEFAULT 2   ;不是 7、17、27、37、47,还是回反抓点。
MOVC VL=1200.0MM/S GP#91 PL=9 POINT=1
MOVC VL=2000.0MM/S GP#9 PL=9 POINT=2

```
        MOVC VL=2000.0MM/S GP#3 PL=9 POINT=3        ;运动到反抓准备取件点。
        BREAK 2
        ENDSWITCH 2         ;判断是回正抓准备取件点,还是在反抓准备取件点结束。
        BREAK 0
        ENDSWITCH 0         ;判断是否码满,未满时是该正抓还是反抓,结束。
        ENDSHILE 0          ;判断码垛数量结束,已码满并处理。
        SET GI#(92)1.000
        DOUT M#(173)=OFF    ;清除标志,需要等到叉车换新托盘。
        RET       ;返回主程序。
```

5.3.6 单双层双线双垛

5.3.6.1 单双层双线双垛(分正反手)

单双层双线双垛(码面粉、分正反手抓袋)现场布局图,如图 5-39 所示。

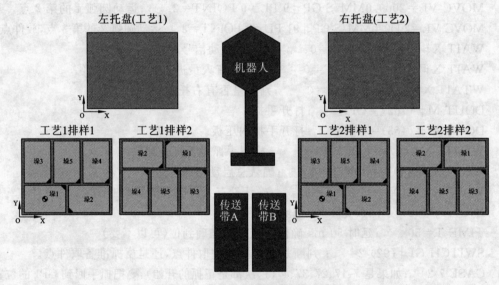

图 5-39 单双层双线双垛现场布局图

举例说明:双线双垛,每个托盘码 10 层,每层码 5 包。
左托盘(工艺 1),排样 1 为奇数层,排样 2 为偶数层。
右托盘(工艺 2),排样 1 为奇数层,排样 2 为偶数层。
左托盘(工艺 1)排样 1 的所有垛和排样 2 的 1、2 垛正抓,排样 2 的 3、4、5 垛反抓。
右托盘排样 1 的所有垛和排样 2 的 1 垛反抓,排样 2 的 2、3、4、5 垛正抓。
外部接口信号说明:
X06 压紧检测信号。
X07 左托盘检测信号。
X08 右托盘检测信号。
X09 防护 1(左)检测。
X10 防护 2(右)检测。
X11 抓手辊 A 信号检测(表示有料可以抓了)。

X12　抓手辊 B 信号检测(表示有料可以抓了)。
X13　整形辊 A 信号检测(表示来料了)。
X14　整形辊 B 信号检测(表示来料了)。
X15　总启动信号,该信号无效机器人不能继续运动,传送线停下来(在码垛程序里多处检测)。
Y00DC1　抓手控制,有效夹紧,无效松开。
Y01DC2　压板控制,有效压紧,无效松开。
Y02　抓手辊 A 转动控制。系统内部 PLC 控制,X11 信号有效停止访信号,同时受 X14 控制。
Y03　整形辊 A 转动控制。
Y04　下滑 A 控制。
Y05　放到 A 控制。系统内部 PLC 控制,X11、X12 信号有效停止访信号,同时受 X14 控制。
Y06　抓手辊 B 转动控制。系统内部 PLC 控制,X11 信号有效停止访信号,同时受 X14 控制。
Y07　整形辊 B 转动控制。
Y08　下滑 B 控制。
Y09　放到 B 控制。系统内部 PLC 控制,X11、X12 信号有效停止访信号,同时受 X14 控制。
Y14　装满指示灯控制,该信号有效表示有一垛已经装满(M174 左线满,M175 右线满)。
Y15　码垛指示灯控制,该信号有效表示正在码垛。
M200　为左线有料。
M201　为右线有料。

系统还需增加如图 5-40 所示梯图来配合码垛程序运行。

图 5-40　码垛程序梯图 3

其中面板 M162 控制夹抓;面板 M163 控制夹抓;Y002 内压板抓手;Y003 辊有料或总启动信号无效;Y004 停止抓手;Y005 辊转动。

抓手辊、整形辊同时有料时或者总启动信号无效停止传动链运动,梯形图如图 5-41 所示。

当码满后,叉车(X009)开入 5 s 后将 M171 置位,表示托盘为空。M130 第一次上电,自动置位;左(M174)、右(M175)托盘码满后叉车进入,清除码满指示灯。当码满后,叉车(X010)开入 5 s 后将 M171 置位,表示托盘为空。M130 第一次上电,自动置位。

变量使用情况说明:

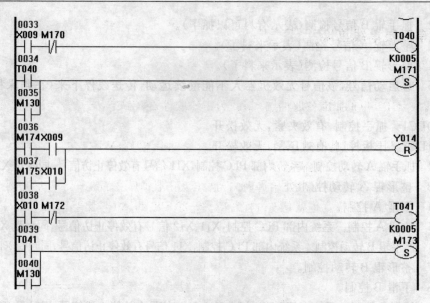

图 5-41 码垛程序梯图 4

A 线变量：

GP1 为 A 线正抓准备取件点。

GP0 为 A 线正抓取件点。

GP4 为 A 线正抓过渡点（去左托盘），就是 GP1 往 GP91 走的中间点，注意 Z 方向要比 GP1 高才行。

GP8 为 A 线正抓取件等待点（在该处等待来料后，再运行到 GP0 抓料，这个点如果抓手空间够可以不要）。

GP6 为 A 线正抓过渡点（去右托盘）。

GP3 为 A 线反抓准备取件点。

GP2 为 A 线反抓取件点。

GP5 为 A 线反抓过渡点（去左托盘）。

GP9 为 A 线反抓取件等待点（在该处等待来料后，再运行到 GP2 抓料，这个点如果抓手空间够可以不要）。

GP7 为 A 线反抓过渡点（去右托盘）。

A 线 GP 点分布侧视图，如图 5-42 所示。

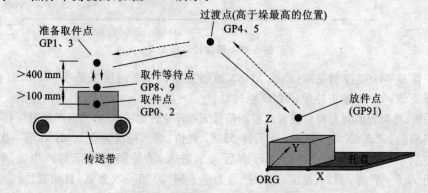

图 5-42 A 线 GP 点分布侧视图

A 线 GP 点分布俯视图,如图 5-43 所示。

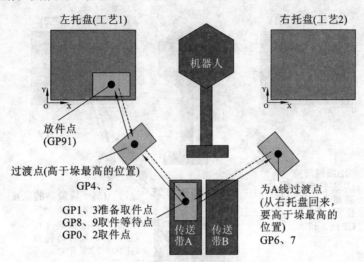

图 5-43 A 线 GP 点分布俯视图

B 线变量:

GP11 为 B 线正抓准备取件点。

GP10 为 B 线正抓取件点。

GP14 为 B 线正抓过渡点(去左托盘),就是 GP1 往 GP91 走的中间点,注意 Z 方向要比 GP1 高才行。

GP18 为 B 线正抓取件等待点(在该处等待来料后,再运行到 GP0 抓料,这个点如果抓手空间够可以不要)。

GP16 为 B 线正抓过渡点(去右托盘)。

GP13 为 B 线反抓准备取件点。

GP12 为 B 线反抓取件点。

GP15 为 B 线反抓过渡点(去左托盘)。

GP19 为 B 线反抓取件等待点(在该处等待来料后,再运行到 GP2 抓料,这个点如果抓手空间够可以不要)。

GP17 为 B 线反抓过渡点(去右托盘)。

B 线 GP 点分布侧视图,如图 5-44 所示。

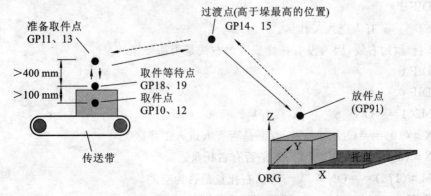

图 5-44 B 线 GP 点分布侧视图

B 线 GP 点分布俯视图，如图 5-45 所示。

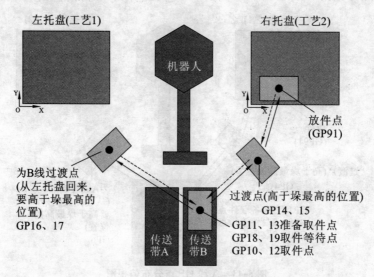

图 5-45 B 线 GP 点分布俯视图

主程序：
IF M200==ON 0   ;左线有料。
IF X#(9)==ON 6   ;判断是否有人进入工作区。
IF X#(7)==ON 1   ;判断是否有左托盘。
IF M#(171)==ON 2   ;确认左托盘是否为空的。
DOUT M#(130)==OFF   ;关闭上电状态继电器(为码垛准备)。
SET GI#(92)==1.000   ;清除右托盘的码放数据。
CALL left   ;调用左托盘工艺文件。
Else 2   ;托盘没搬走。
加 1 行 预约右线，因为没有托盘要考虑右线是否需要搬。
ENDIF 2
Else 1   ;托盘没来。
加 1 行 预约右线，因为没有托盘要考虑右线是否需要搬。
ENDIF 1
Else 6   ;有人进入工作区。
加 1 行 预约右线，因为没有托盘要考虑右线是否需要搬。
ENDIF 6
ENDIF 0
IF M201==ON 5   ;右线有料。
IF X#(10)==ON 7   ;判断是否有人进入工作区。
IF X#(8)==ON 3   ;判断是否有右托盘。
IF M#(173)==ON 4   ;确认右托盘是否为空的。
SET GI#(91) 1.000   ;清除左托盘的码放数据。

DOUT M#(130)=OFF   ;关闭上电状态继电器(为码垛准备)。
CALL right   ;调用右托盘工艺文件。
Else 4   ;托盘没搬走。
加1行 预约右线,因为没有托盘要考虑右线是否需要搬。
ENDIF 4
Else 3   ;托盘没来。
加1行 预约右线,因为没有托盘要考虑右线是否需要搬。
ENDIF 3
Else 7   ;有人进入工作区。
加1行 预约右线,因为没有托盘要考虑右线是否需要搬。
ENDIF 7
ENDIF 5

左托盘子程序:left
DOUT M#(170)=ON   ;清除码垛标志。
WHILE GI#(91)<=51 0   ;判断码的数量。
SWITCH GI#(91) 0   ;判断是否码满,未满时是该正抓还是反抓。
CASE 51 0   ;是否为51包,51包表示码满。
DOUT Y#(15)=OFF   ;已码满,清除码垛指示灯。
DOUT M#(174)=ON   ;置码满标志(用来熄灭码垛指示灯)。
DOUT Y#(14)=ON   ;点亮码满指示灯。
DOUT M#(170)=OFF   ;置码满标志(用来判断码垛后是否换一个空托盘)。
INC GI#(91)   ;把垛数加1,好跑出该子程序回到主程序。
BREAK 0   ;CASE 51 0 的返回。
CASE 8 0   ;判断是否为排样2的3、4、5垛,这些垛需要反抓。
CASE 9 0
CASE 10 0
CASE 18 0
CASE 19 0
CASE 20 0
CASE 28 0
CASE 29 0
CASE 30 0
CASE 38 0
CASE 39 0
CASE 40 0
CASE 48 0
CASE 49 0
CASE 50 0

```
DOUT Y#(15)=ON          ;点亮码垛中指示灯。
DOUT M#(174)=OFF        ;清除码满标志。
DOUT M#(162)=OFF        ;打开手抓。
DOUT M#(163)=OFF        ;打开手抓内压板。
WTAIT X#(6)==OFF T=0    ;检测手抓是否打开到位。
MOVJ VJ=65% GP#3 PL=9           ;运动到反抓准备取件点。
MOVL VL=1000.0MM/S GP#12 PL=9   ;运动到反抓取件等待。
WAIT X#(11)==ON T=0     ;检测抓手辊上是否有料。
MOVL VL=500.0MM/S GP#2 PL=0     ;运动到反抓取件点。
TIME T=50               ;延时 50 ms 确保手抓准确到位。
WAIT X#(14)==ON T=0     ;确认总启动信号有效。
WAIT X#(9)==OFF T=0     ;确认没有人员进入机器人工作区。
DOUT M#(162)=ON         ;夹紧手抓。
DOUT M#(163)=ON         ;压板压下。
WTAIT X#(6)==ON T=0     ;检测手抓是否夹紧到位。
WTAIT X#(7)==ON T=0     ;判断是否有左托盘。
PALLET#1                ;执行 1 号工艺,计算摆放位置做准备。
MOVC VL=1200.0MM/S GP#3 PL=9 POINT=1    ;提起。
MOVC VL=2000.0MM/S GP#6 PL=9 POINT=2    ;运动圆弧 1 的第 2 点。
MOVC VL=2000.0MM/S GP#5 PL=9 POINT=3    ;运动圆弧 1 的第 3 点。
MOVC VL=2000.0MM/S GP#7 PL=9 POINT=2    ;运动圆弧 2 的第 2 点。
MOVC VL=2000.0MM/S GP#91 PL=9 POINT=3   ;运动圆弧 2 的第 3 点,放件点。
WAIT X#(9)==OFF T=0     ;确认没有人员进入机器人工作区。
WTAIT X#(7)==ON T=0     ;判断是否有左托盘。
DOUT M#(162)=OFF        ;打开手抓。
DOUT M#(163)=OFF        ;打开手抓内压板。
WTAIT X#(6)==OFF T=0    ;检测手抓是否打开到位。
WAIT X#(14)==ON T=0     ;确认总启动信号有效。
WAIT X#(9)==OFF T=0     ;确认没有人员进入机器人工作区。
INC GI#(91)             ;放完 1 件,把垛数加 1。
TIME T=50               ;延时 50 ms 确保手抓打开准确到位(可以不要)。
SWITCH GI#(91)1         ;判断是回正抓准备取件点,还是反抓准备取件点。
CASE 11 1               ;如果是 11、21、31、41(这次都是正抓的开始),要把抓手回到 GP1 的位置。
CASE 21 1
CASE 31 1
CASE 41 1
MOVC VL=2000.0MM/S GP#91 PL=9 POINT=1   ;运动圆弧的第 1 点,也是目前点。
MOVC VL=2000.0MM/S GP#4 PL=9 POINT=2    ;运动圆弧的第 2 点。
MOVC VL=2000.0MM/S GP#1 PL=9 POINT=3    ;运动到正抓准备取件点。
```

```
BREAK 1
DEFAULT 1        ;不是 11、21、31、41,还是回反抓点。
MOVC VL=1200.0MM/S GP#91 PL=9 POINT=1
MOVC VL=2000.0MM/S GP#7 PL=9 POINT=2
MOVC VL=2000.0MM/S GP#5 PL=9 POINT=3
MOVC VL=2000.0MM/S GP#6 PL=9 POINT=2
MOVC VL=2000.0MM/S GP#3 PL=9 POINT=3    ;运动到反抓准备取件点。
BREAK 1
ENDSWITCH1       ;判断是回正抓准备取件点,还是在反抓准备取件点结束。
BREAK 0
DEFAULT 0        ;不是排样 2 的 3、4、5 垛,这些垛需要正抓。
DOUT Y#(15)=ON          ;点亮码垛中指示灯。
DOUT M#(174)=OFF        ;清除码满标志。
DOUT M#(162)=OFF        ;打开手抓。
DOUT M#(163)=OFF        ;打开手抓内压板。
WTAIT X#(6)==OFF T=0    ;检测手抓是否打开到位。
MOVJ VJ=65% GP#1 PL=9   ;运动到正抓准备取件点。
MOVL VL=1000.0MM/S GP#10 PL=9    ;运动到正抓取件等待。
WAIT X#(11)==ON T=0     ;检测抓手辊上是否有料。
MOVL VL=500.0MM/S GP#0 PL=0      ;运动到正抓取件点。
TIME T=50        ;延时 50 ms 确保手抓准确到位。
WAIT X#(14)==ON T=0     ;确认总启动信号有效。
WAIT X#(9)==OFF T=0     ;确认没有人员进入机器人工作区。
DOUT M#(162)=ON         ;夹紧手抓。
DOUT M#(163)=ON         ;压板压下。
WTAIT X#(6)==ON T=0     ;检测手抓是否夹紧到位。
WTAIT X#(7)==ON T=0     ;判断是否有左托盘。
PALLET#1         ;执行 1 号工艺,计算摆放位置做准备。
MOVC VL=1200.0MM/S GP#1 PL=9 POINT=1     ;提起。
MOVC VL=2000.0MM/S GP#4 PL=9 POINT=2     ;运动圆弧 1 的第 2 点。
MOVC VL=2000.0MM/S GP#91 PL=9 POINT=3    ;运动圆弧 2 的第 3 点,放件点。
WAIT X#(14)==ON T=0     ;确认总启动信号有效。
WAIT X#(9)==OFF T=0     ;确认没有人员进入机器人工作区。
WTAIT X#(7)==ON T=0     ;判断是否有左托盘。
DOUT M#(162)=OFF        ;打开手抓。
DOUT M#(163)=OFF        ;打开手抓内压板。
WTAIT X#(6)==OFF T=0    ;检测手抓是否打开到位。
WAIT X#(14)==ON T=0     ;确认总启动信号有效。
WAIT X#(9)==OFF T=0     ;确认没有人员进入机器人工作区。
```

```
INC GI#(91)           ;放完1件,把垛数加1。
TIME T=50             ;延时50 ms确保手抓打开准确到位(可以不要)。
SWITCH GI#(91)2       ;判断是回正抓准备取件点,还是回反抓准备取件点。
CASE 8 2              ;如果是8、18、28、38、48(这次都是反抓的开始),要把抓手回到GP3的位置。
CASE 18 2
CASE 28 2
CASE 38 2
CASE 48 2
MOVC VL=2000.0MM/S GP#91 PL=9 POINT=1    ;运动圆弧的第1点,也是目前点。
MOVC VL=2000.0MM/S GP#5 PL=9 POINT=2     ;运动圆弧的第2点。
MOVC VL=2000.0MM/S GP#3 PL=9 POINT=3     ;运动到反抓准备取件点。
BREAK 2
DEFAULT 2             ;不是8、18、28、38、48,还是回反抓点。
MOVC VL=1200.0MM/S GP#91 PL=9 POINT=1
MOVC VL=2000.0MM/S GP#4 PL=9 POINT=2
MOVC VL=2000.0MM/S GP#1 PL=9 POINT=3     ;运动到反抓准备取件点。
BREAK 2
ENDSWITCH 2           ;判断是回正抓准备取件点,还是在反抓准备取件点结束。
BREAK 0
ENDSWITCH 0           ;判断是否码满,未满时是该正抓还是反抓,结束。
ENDSHILE 0            ;判断码垛数量结束,已码满并处理。
SET GI#(91)1.000
DOUT M#(171)=OFF      ;清除标志,需要等到叉车换新托盘。
RET                   ;返回主程序。

右托盘子程序:right
DOUT M#(172)=ON       ;清除码垛标志。
WHILE GI#(92)<=51  0  ;判断码的数量。
SWITCH GI#(92) 0      ;判断是否码满,未满时是该正抓还是反抓。
CASE 51 0             ;是否为51包,51包表示码满。
DOUT Y#(15)=OFF       ;已码满,清除码垛指示灯。
DOUT M#(175)=ON       ;置码满标志(用来熄灭码垛指示灯)。
DOUT Y#(14)=ON        ;点亮码满指示灯。
DOUT M#(172)=OFF      ;置码满标志(用来判断在码垛后是否换一个空托盘)。
INC GI#(92)           ;把垛数加1,好跑出该子程序回到主程序。
BREAK 0               ;CASE 51 0的返回。
CASE 7 0              ;判断是否为排样2的2、3、4、5垛,这些垛需要正抓。
CASE 8 0
CASE 9 0
```

CASE 10 0
CASE 17 0
CASE 18 0
CASE 19 0
CASE 20 0
CASE 27 0
CASE 28 0
CASE 29 0
CASE 30 0
CASE 37 0
CASE 38 0
CASE 39 0
CASE 40 0
CASE 47 0
CASE 48 0
CASE 49 0
CASE 50 0
DOUT Y#(15)=ON   ;点亮码垛中指示灯。
DOUT M#(174)=OFF   ;清除码满标志。
DOUT M#(162)=OFF   ;打开手抓。
DOUT M#(163)=OFF   ;打开手抓内压板。
WTAIT X#(6)==OFF T=0   ;检测手抓是否打开到位。
MOVJ VJ=65% GP#1 PL=9   ;运动到正抓准备取件点。
MOVL VL=1000.0MM/S GP#10 PL=9   ;运动到正抓取件点等待。
WAIT X#(11)==ON T=0   ;检测抓手辊上是否有料。
MOVL VL=500.0MM/S GP#0 PL=0   ;运动到正抓取件点。
TIME T=50   ;延时 50 ms 确保手抓准确到位。
WAIT X#(14)==ON T=0   ;确认总启动信号有效。
WAIT X#(10)==OFF T=0   ;确认没有人员进入机器人工作区。
DOUT M#(162)=ON   ;夹紧手抓。
DOUT M#(163)=ON   ;压板压下。
WTAIT X#(6)==ON T=0   ;检测手抓是否夹紧到位。
WTAIT X#(8)==ON T=0   ;判断是否有右托盘。
PALLET#2   ;执行 2 号工艺,计算摆放位置做准备。
MOVC VL=1200.0MM/S GP#1 PL=9 POINT=1   ;提起。
MOVC VL=2000.0MM/S GP#13 PL=9 POINT=2   ;运动圆弧 1 的第 2 点。
MOVC VL=2000.0MM/S GP#8 PL=9 POINT=3   ;运动圆弧 1 的第 3 点。
MOVC VL=2000.0MM/S GP#14 PL=9 POINT=2   ;运动圆弧 2 的第 2 点。
MOVC VL=2000.0MM/S GP#91 PL=9 POINT=3   ;运动圆弧 2 的第 3 点,放件点。
WAIT X#(14)==ON T=0   ;确认总启动信号有效。

```
WAIT X#(10)==OFF T=0          ;确认没有人员进入机器人工作区。
WTAIT X#(8)==ON T=0           ;判断是否有右托盘。
DOUT M#(162)=OFF              ;打开手抓。
DOUT M#(163)=OFF              ;打开手抓内压板。
WTAIT X#(6)==OFF T=0          ;检测手抓是否打开到位。
WAIT X#(14)==ON T=0           ;确认总启动信号有效。
WAIT X#(10)==OFF T=0          ;确认没有人员进入机器人工作区。
INC GI#(92)                   ;放完1件,把垛数加1。
TIME T=50                     ;延时50 ms确保手抓打开准确到位(可以不要)。
SWITCH GI#(92)1               ;判断是回正抓准备取件点,还是回反抓准备取件点。
CASE 11 1                     ;如果是11、21、31、41(这次都是反抓的开始),要把抓手回到GP3的位置。
CASE 21 1
CASE 31 1
CASE 41 1
MOVC VL=2000.0MM/S GP#91 PL=9 POINT=1  ;运动圆弧的第1点,也是目前点。
MOVC VL=2000.0MM/S GP#9 PL=9 POINT=2   ;运动圆弧的第2点。
MOVC VL=2000.0MM/S GP#3 PL=9 POINT=3   ;运动到反抓准备取件点。
BREAK 1
DEFAULT 1                     ;不是11、21、31、41,还是回正抓点。
MOVC VL=1200.0MM/S GP#91 PL=9 POINT=1
MOVC VL=2000.0MM/S GP#14 PL=9 POINT=2
MOVC VL=2000.0MM/S GP#8 PL=9 POINT=3
MOVC VL=2000.0MM/S GP#13 PL=9 POINT=2
MOVC VL=2000.0MM/S GP#1 PL=9 POINT=3   ;运动到正抓准备取件点。
BREAK 1
ENDSWITCH1                    ;判断是回正抓准备取件点,还是在反抓准备取件点结束。
BREAK 0
DEFAULT 0                     ;不是排样2的2、3、4、5垛,这些垛需要反抓。
DOUT Y#(15)=ON                ;点亮码垛中指示灯。
DOUT M#(175)=OFF              ;清除码满标志。
DOUT M#(162)=OFF              ;打开手抓。
DOUT M#(163)=OFF              ;打开手抓内压板。
WTAIT X#(6)==OFF T=0          ;检测手抓是否打开到位。
MOVJ VJ=65% GP#3 PL=9         ;运动到反抓准备取件点。
MOVL VL=1000.0MM/S GP#12 PL=9 ;运动到正抓取件等待。
WAIT X#(11)==ON T=0           ;检测抓手辊上是否有料。
MOVL VL=500.0MM/S GP#2 PL=0   ;运动到反抓取件点。
TIME T=50                     ;延时50 ms确保手抓准确到位。
WAIT X#(14)==ON T=0           ;确认总启动信号有效。
WAIT X#(10)==OFF T=0          ;确认没有人员进入机器人工作区。
```

```
DOUT M#(162)=ON          ;夹紧手抓。
DOUT M#(163)=ON          ;压板压下。
WTAIT X#(6)==ON T=0      ;检测手抓是否夹紧到位。
WTAIT X#(8)==ON T=0      ;判断是否有右托盘。
PALLET#2                 ;执行2号工艺,计算摆放位置做准备。
MOVC VL=1200.0MM/S GP#3 PL=9 POINT=1    ;提起。
MOVC VL=2000.0MM/S GP#9 PL=9 POINT=2    ;运动圆弧1的第2点。
MOVC VL=2000.0MM/S GP#91 PL=9 POINT=3   ;运动圆弧2的第3点,放件点。
WAIT X#(14)==ON T=0      ;确认总启动信号有效。
WAIT X#(10)==OFF T=0     ;确认没有人员进入机器人工作区。
WTAIT X#(8)==ON T=0      ;判断是否有右托盘。
DOUT M#(162)=OFF         ;打开手抓。
DOUT M#(163)=OFF         ;打开手抓内压板。
WTAIT X#(6)==OFF T=0     ;检测手抓是否打开到位。
WAIT X#(14)==ON T=0      ;确认总启动信号有效。
WAIT X#(10)==OFF T=0     ;确认没有人员进入机器人工作区。
INC GI#(92)              ;放完1件,把垛数加1。
TIME T=50                ;延时50 ms确保手抓打开准确到位(可以不要)。
SWITCH GI#(92)2          ;判断是回正抓准备取件点,还是回反抓准备取件点。
CASE 7 2                 ;如果是7、17、27、37、47(这次都是正抓的开始),要把抓手回到GP1的位置。
CASE 17 2
CASE 27 2
CASE 37 2
CASE 47 2
MOVC VL=1200.0MM/S GP#91 PL=9 POINT=1
MOVC VL=2000.0MM/S GP#14 PL=9 POINT=2
MOVC VL=2000.0MM/S GP#8 PL=9 POINT=3
MOVC VL=2000.0MM/S GP#13 PL=9 POINT=2
MOVC VL=2000.0MM/S GP#1 PL=9 POINT=3    ;运动到正抓准备取件点。
BREAK 2
DEFAULT 2                ;不是7、17、27、37、47,还是回反抓点。
MOVC VL=1200.0MM/S GP#91 PL=9 POINT=1
MOVC VL=2000.0MM/S GP#9 PL=9 POINT=2
MOVC VL=2000.0MM/S GP#3 PL=9 POINT=3    ;运动到反抓准备取件点。
BREAK 2
ENDSWITCH2               ;判断是回正抓准备取件点,还是反抓准备取件点结束。
BREAK 0
ENDSWITCH0               ;判断是否码满,未满时是该正抓还是反抓,结束。
ENDSHILE 0               ;判断码垛数量结束,已码满并处理。
SET GI#(92)1.000
```

DOUT M#(173)=OFF   ;清除标志,需要等到叉车换新托盘。
RET   ;返回主程序。

5.3.6.2 单双层双线双垛(不分正反手)

单双层双线双垛(码面粉、不分正反手抓袋)现场布局图,如图 5-46 所示。

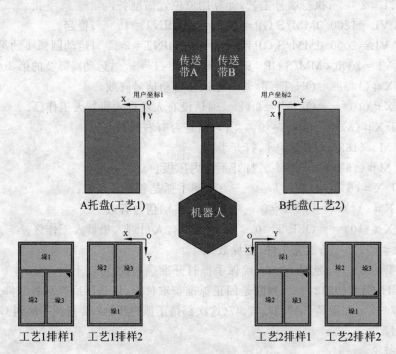

图 5-46 单双层双线双垛现场布局图

举例说明:双线双垛,每个托盘码 10 层,每层码 3 包。

A 托盘(工艺 1),排样 1 为奇数层,排样 2 为偶数层。B 托盘(工艺 2),排样 1 为奇数层,排样 2 为偶数层。

说明:按上述排布,在码每个工艺的垛 1 时,第 4 轴都基本不转动;在码每个工艺的垛 2、3 时,第 4 轴转正 90°或负 90°。这样在码垛时会保证较高的运动效率(其他轴也就在 90°左右,这样将让每个轴都能达到其最大速度)。

外部接口信号说明:

X00   手抓夹紧检测信号。
X01   A 托盘检测信号。
X02   B 托盘检测信号。
X03   A 线挡板信号检测(表示 A 线有料可以抓了)。
X04   B 线挡板信号检测(表示 B 线有料可以抓了)。
X05   A 线线体号检测(表示 A 线有料来了,可以准备抓了)。
X06   B 线线体号检测(表示 B 线有料来了,可以准备抓了)。
X07   防护 1(A 托盘)检测,无效时表示有物体或人员干涉,不能对该托盘码垛。
X08   防护 2(B 托盘)检测,无效时表示有物体或人员干涉,不能对该托盘码垛。
X09   线体开关控制信号,当该信号有效时线体才能转动。

Y00　抓手控制,有效夹紧,无效松开。受面板 M160 控制。
Y01　抓手辊 A 转动控制。系统内部 PLC 控制,X03 信号有效停止该信号,同时受 X05 控制。
Y02　A 线线体转动控制,当 X03、X05 都有效时停止该信号(来料太多)。
Y03　抓手辊 B 转动控制。系统内部 PLC 控制,X04 信号有效停止该信号,同时受 X05 控制。
Y04　B 线线体转动控制,当 X04、X06 都有效时停止该信号(来料太多)。
Y13　A 线装满指示。
Y14　B 线装满指示。
Y15　码垛指示灯控制,该信号有效表示正在码垛。
系统还需增加如图 5-47 所示梯图来配合码垛程序运行。

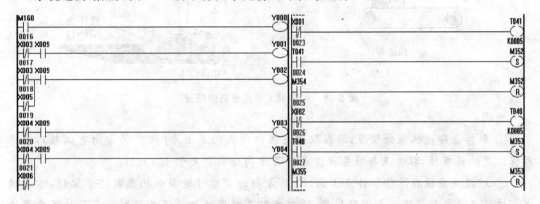

图 5-47　码垛程序梯图

说明: M160 用来控制抓手。

当总停(X09)开起时,A 挡信号(X03)没来时,A 抓手辊控制(Y01)有效,反之来料后停止转动。

当总停(X09)开起时,A 挡信号(X03)、A 线体检测信号(X05)没来时,A 线体转动控制(Y02)有效。反之两种感应都有效则停线体。当总停(X09)开起时,B 挡信号(X05)没来时,B 抓手辊控制(Y03)有效,反之来料后停止转动。

当总停(X09)开起时,B 挡信号(X04)、B 线体检测信号(X06)没来时,B 线体转动控制(Y04)有效。反之两种感应都有效则停线体。

当 X01 无效(托盘移走)5 s 后将 A 线托盘移动标志 M352 置位,M354 由程序复位托盘移动标志;当 X02 无效(托盘移走)5 s 后将 B 线托盘移动标志 M353 置位,M355 由程序复位托盘移动标志。

变量使用情况说明:
A 线变量:
GP0 为 A 线取件点。
GP1 为 A 线准备取件点。
GP2 过渡点备份(先记录,之后进入工艺在工艺里过渡点)。
B 线变量:
GP10 为 B 线取件点。

GP11 为 B 线准备取件点。

GP12 过渡点备份(先记录,之后进入工艺在工艺里过渡点)。

A、B 线 GP 点分布侧视图,如图 5-48 所示。

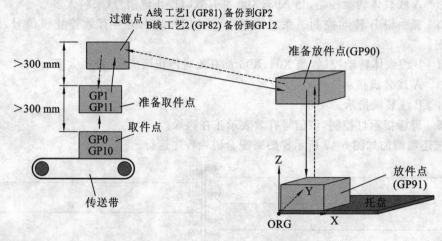

图 5-48　A、B 线 GP 点分布侧视图

说明:

① 取件点即能抓袋的位置,准备取件点在取件点的正上方(只有 Z 方向有偏移),为了确保速度的连贯性,取件点与准备取件点在 Z 方向距离要大于 300 mm。

② 过渡点应该在准备取件点上面,X、Y 方向的坐标可适当向托盘做些量偏移,方便过渡。过渡点是每层提高一个袋的厚度,所以在取点时要注意确保在码到最高层时不要超过机器人运行高度。

③ 准备放件点在放件点的正上方,准备放件点是每层提高一个袋的厚度,所以在取点时要注意确保在码到最高层时不要超过机器人运行高度。

GP 点位置俯视图,如图 5-49 所示。

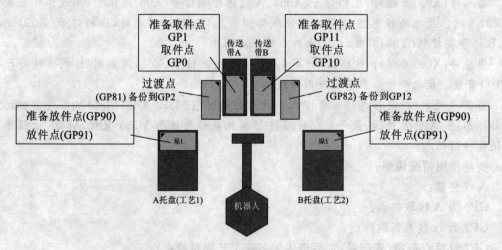

图 5-49　GP 点位置俯视图

M 辅助继电器的使用说明：

M350　A 线满标示，ON 表示满。

M351　B 线满标示，ON 表示满。

M352　A 线托盘移动标示，ON 表示移开。

M353　B 线托盘移动标示，ON 表示移开。

M354　A 线清托盘。

M355　B 线清托盘。

M356　B 线有料但是没托盘标志。

主程序：

说明：B 线要比 A 线快很多，所以 B 线优先。

```
Main：
IF M356==OFF 7        ;上次 B 线有料但是没托盘。
IF X04==ON 0          ;B 左线有料。
IF X#(2)==ON 1        ;判断是否有托盘。
IF M#(353)==ON 2      ;B 托盘被移开过 5 s。
SET GI#(92)1          ;把码垛数置为 1。
MOVJ VJ=65% GP#11 PL=9    ;运动到准备取件点。
DOUT M#(355)=ON       ;清除托盘移动标志 Time 200。
DOUT M#(355)=OFF      ;清除托盘移动标志。
CALL right            ;调用 B 托盘工艺文件。
Else 2      ;B 托盘没被移开过。
IF M#(351)==OFF 3     ;B 托盘是否已码垛，ON 的码满。
MOVJ VJ=65% GP#11 PL=9    ;运动到准备取件点。
CALL right            ;调用 B 托盘工艺文件。
Else 3
DOUT M#(356)=ON
ENDIF 3
ENDIF 2
Else 1
DOUT M#(356)=ON
ENDIF 1
Elsif X03==ON 0       ;A 线有料。
IF X#(1)==ON 4        ;判断是否有托盘。
IF M#(352)==ON 5      ;A 托盘被移开过 5 s。
SET GI#(91)1          ;把码垛数置为 1。
MOVJ VJ=65% GP#1 PL=9     ;运动到准备取件点。
DOUT M#(354)=ON       ;清除托盘移动标志 Time 200。
DOUT M#(354)=OFF      ;清除托盘移动标志。
```

CALL left   ;调用 A 托盘工艺文件。
Else 5   ;A 托盘没被移开过。
IF M♯(350)==OFF 6   ;A 托盘是否已码垛,ON 的码满。
MOVJ VJ=65% GP♯1 PL=9   ;运动到准备取件点。
CALL left   ;调用 A 托盘工艺文件。
ENDIF 6
ENDIF 5
ENDIF 4
ENDIF 0
Else 7   ;上次 B 线有料但是没托盘,就判断 A 线是否需搬。
DOUT M♯(356)=OFF   ;清上次 B 线有料但是没托盘标志。
ENDIF 7

Main1:用于当 B 线条件不满足时,再判断一次 A 线,因为主程序 IF 太多所以独立一个程序。
IF X03==ON 1   ;A 线有料。
IF X♯(1)==ON 2   ;判断是否有托盘。
IF M♯(352)==ON 3   ;A 托盘被移开过 5 s。
SET GI♯(91)1   ;把码垛数置为 1。
MOVJ VJ=65% GP♯1 PL=9   ;运动到准备取件点。
DOUT M♯(354)=ON   ;清除托盘移动标志 Time 200。
DOUT M♯(354)=OFF   ;清除托盘移动标志。
CALL left   ;调用 A 托盘工艺文件。
Else 3   ;A 托盘没被移开过。
IF M♯(350)==OFF 0   ;A 托盘是否已码垛,ON 的码满。
MOVJ VJ=65% GP♯1 PL=9   ;运动到准备取件点。
CALL left   ;调用 A 托盘工艺文件。
ENDIF 0
ENDIF 3
ENDIF 2
ENDIF 1

A 托盘子程序:left
DOUT M♯(350)=OFF   ;清除码垛标志。
DOUT Y♯(13)=OFF   ;灭码满指示灯。
DOUT Y♯(15)=ON   ;点亮码垛中指示灯。
DOUT M♯(160)=OFF   ;打开手抓。
WTAIT X♯(0)==OFF T=0   ;检测手抓是否打开到位。
MOVJ VJ=65% GP♯1 PL=9   ;运动到准备取件点。
WAIT X♯(3)==ON T=0   ;检测抓手辊上是否有料。
MOVL VL=500.0MM/S GP♯0 PL=0   ;运动到取件点。

```
TIME T=50           ;延时 50 ms 确保手抓准确到位。
DOUT M#(160)=ON     ;夹紧手抓。
PALLET#1            ;执行 1 号工艺,计算摆放位置做准备。
WTAIT X#(0)==ON T=0     ;检测手抓是否夹紧到位。
WTAIT X#(1)==ON T=0     ;判断是否有左托盘。
MOVL VL=1200.0MM/S GP#1 PL=9    ;提起。
WAIT X#(14)==ON T=0     ;确认总启动信号有效。
WAIT X#(7)==OFF T=0     ;确认没有人员进入机器人工作区。
MOVJ VJ=100% GP#81 PL=9     ;运动过渡点。
MOVJ VJ=100% GP#90 PL=9     ;运动准备放件点。
MOVL VL=2000.0MM/S GP#91 PL=0   ;运动到放件点。
TIME T=50           ;延时 50 ms 确保手抓准确到位。
DOUT M#(160)=OFF    ;打开手抓。
WTAIT X#(0)==OFF T=0    ;检测手抓是否打开到位。
INC GI#(91)         ;放完 1 件,把垛数加 1。
TIME T=50           ;延时 50 ms 确保手抓打开准确到位(可以不要)。
MOVL VL=2000.0MM/S GP#90 PL=9   ;运动到放件点。
MOVJ VJ=100% GP#81 PL=9     ;运动到过渡点。
IF GI#(91)==31 1
DOUT Y#(15)=OFF     ;已码满,清除码垛指示灯。
DOUT Y#(13)=ON      ;点亮码满指示灯。
DOUT M#(350)=ON     ;置码满标志。
SET GI#(91)1        ;把码垛数置为 1。
ENDIF 1
RET     ;返回主程序。


B 托盘子程序:right
DOUT M#(351)=OFF    ;清除码垛标志。
DOUT Y#(14)=OFF     ;灭码满指示灯。
DOUT Y#(15)=ON      ;点亮码垛中指示灯。
DOUT M#(160)=OFF    ;打开手抓。
WTAIT X#(0)==OFF T=0    ;检测手抓是否打开到位。
MOVJ VJ=100% GP#11 PL=9     ;运动到准备取件点。
WAIT X#(04)==ON T=0     ;检测抓手辊上是否有料。
MOVL VL=500.0MM/S GP#10 PL=0    ;运动到取件点。
TIME T=50           ;延时 50 ms 确保手抓准确到位。
DOUT M#(160)=ON     ;夹紧手抓。
PALLET#2            ;执行 2 号工艺,计算摆放位置做准备。
X#(0)==ON T=0       ;检测手抓是否夹紧到位。
WTAIT X#(2)==ON T=0     ;判断是否有右托盘。
```

```
MOVL VL=1200.0MM/S GP#11 PL=9      ;提起。
WAIT X#(14)==ON T=0        ;确认总启动信号有效。
WAIT X#(08)==OFF T=0       ;确认没有人员进入机器人工作区。
MOVJ VJ=100% GP#82 PL=9    ;运动到过渡点。
MOVJ VJ=100% GP#90 PL=9    ;运动到准备放件点。
MOVL VL=2000.0MM/S GP#91 PL=9      ;运动到放件点。
TIME T=50          ;延时 50 ms 确保手抓准确到位。
DOUT M#(160)=OFF           ;打开手抓。
WTAIT X#(0)==OFF T=0       ;检测手抓是否打开到位。
INC GI#(92)        ;放完 1 件,把垛数加 1。
TIME T=50          ;延时 50 ms 确保手抓打开准确到位(可以不要)。
MOVL VL=2000.0MM/S GP#90 PL=9      ;运动到放件点。
MOVJ VJ=100% GP#81 PL=9    ;运动到过渡点。
IF GI#(92)==31 1           ;如果已经码满。
DOUT Y#(15)=OFF            ;已码满,清除码垛指示灯。
DOUT Y#(14)=ON             ;点亮码满指示灯。
DOUT M#(351)=ON            ;置码满标志。
SET GI#(92)1       ;把码垛数置为 1。
ENDIF 1
RET        ;返回主程序。
```

简易码垛程序:使用码垛工艺 0,LP0 外部取件点,LP1 外部过渡点,Y0 手抓控制,X0 抓紧检测共 16 垛。

参考程序:

```
*123 跳转标志。
PALLET(0)          ;调用 0 号码垛工艺。
MOVJ LP0 VJ=100% PL=9      ;移动到 LP0 点。
MOVL LP1 VL=200MM/S PL=0   ;移动到 LP1 点。
DOUT Y0==ON        ;手抓开。
WAIT X==ON         ;等待手抓夹紧。
MOVJ LP0 VJ=100% PL=9      ;移动到 LP0 点。
MOVJ GP80 VJ=100% PL=9     ;移动到码垛工艺 0 过渡点。
MOVJ GP90 VJ=80% PL=9      ;移动到垛位准备点。
MOVL GP91 VL=200MM/S PL=0  ;移动到垛位放件点。
DOUT Y0==OFF       ;手抓关闭。
WAIT X0==OFF       ;等待手抓松开。
INC GI90           ;GI90 加 1。
MOVJ GP92 VJ=80% PL=9      ;移动到过渡点。
JUMP *123 IF GI90<17       ;判断垛位小于 17 跳转到 123 位置。大于 17 往下执行。
SET  GI90 1        ;GI90 赋值 1。
```

项目6 焊接机器人应用

焊接工艺是指通过对工具坐标的设置、焊机参数设置、焊接参数设置、焊接基本设置,实现对焊接工具和工艺的控制,从而实现机器人自动焊接。

6.1 与焊接电源的匹配

南大机器人系统通过如下信号控制焊接电源:

由两路 0~10 V 的模拟量来控制焊接的电流和电压。M190 输出,控制起弧。M191 和 M188 组合控制点动送丝、退丝。M180 输入,检测起弧成功信号。M181 检测焊接电源是否有故障。

关于逻辑接口的使用需在用户 PLC 里面编辑如图 6-1 所示 PLC 梯图。

图 6-1　PLC 梯图

说明:输入、输出口可根据现场接线来设计。图 6-1 中 PLC 表达的意思如下:

M190(常开)------------------------------Y××(起弧控制信号)

M191(常开)--M188(常闭)------------Y××(手动送丝信号)

M191(常开)--M188(常开)------------Y××(手动退丝信号)

X××(常开)------------------------------M180(起弧检测信号,检测起弧是否成功)

X××(常闭)------------------------------M181(焊机故障检测)

图 6-2 所示为机器人与 OTC CPVE-500 的接线示意图,图 6-3 所示为机器人与奥泰 MIG-350R 的接线示意图,图 6-4 所示为机器人与麦格米特 Ehave CM350 的接线示意图,仅供参考。

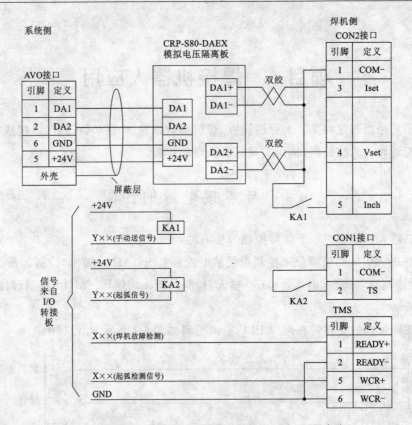

图 6-2　机器人与 OTC CPVE-500 的接线示意图（供参考）

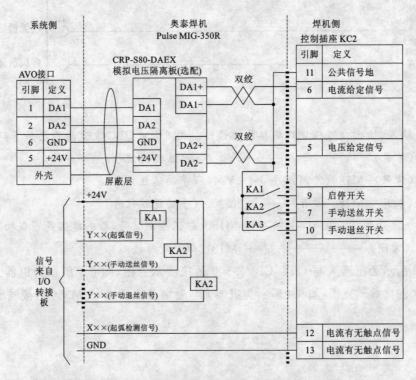

图 6-3　机器人与奥泰 MIG-350R 的接线示意图（供参考）

项目6 焊接机器人应用

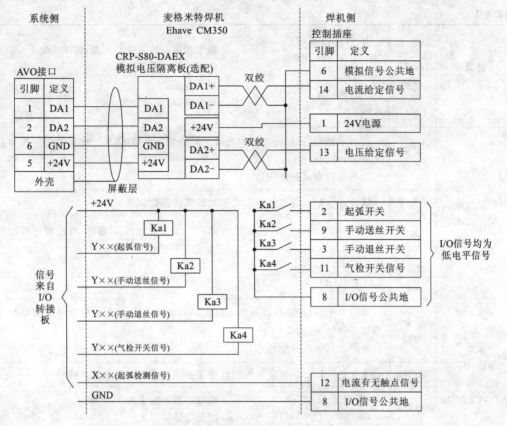

图 6-4　机器人与麦格米特 Ehave CM350 的接线示意图（供参考）

6.2　焊接指令

焊接指令说明见表 6-1。

表 6-1　焊接指令说明

起弧 （ARCSTART）	指令 功能	\multicolumn{2}{l	}{运行本指令，程序将调用预先设定好的焊接参数，起弧。变量号为焊接参数文件号，范围 0～7。 该两条指令成对使用。 ARCSTART 与 ARCSTARTEND 之间程序运行速度不受自动倍率控制。两者之间只能使用 MOVL 和 MOVC 指令}
	附加项	#【变量号】	变量号为需要调用的焊接参数文件号
		空白 % MM/S	焊接速度处理方式： 空白：起弧与起弧结束之间程序按照100%速度运行，不受倍率控制。 %：设置起弧与结束之间程序运行速度百分比。 MM/S：设置起弧与结束之间程序按照设定速度运行。程序指令速度不再起作用
		VI	指定焊接电流电压，起弧灭弧还是按照工艺设定输出，焊接电流电压变为 VI 指定值

续表 6-1

起弧 (ARCSTART)	程序 举例	ARCSTART#(1) 8MM/S V=20 V I=200 A …… …… ARCEND#(1)	调用焊接参数文件 1,起弧,焊接速度 8 mm/s,电压 20 V,电流 200 A。 开始焊接。 起弧结束,焊接完成
起弧结束 (ARCEND)	指令 功能		运行本指令,程序将调用预先设定好的焊接参数,灭弧。变量号为焊接参数文件号,范围 0～7。 该两条指令成对使用
	附加项	#【变量号】	变量号为需要调用的焊接参数文件号
	程序 举例	ARCSTART#(1) 50% …… …… ARCEND#(1)	调用焊接参数文件 1,起弧,焊接程序按照程序设定的 50%运行。 开始焊接。 起弧结束,焊接完成
摆弧 (WEAVE) 摆弧结束 (WEAVEEND)	指令 功能		运行本指令,程序将调用预先设定好的摆弧参数,摆弧。变量号为摆动焊接参数文件号,范围 0～7。 该两条指令成对使用
	附加项	#【变量号】	变量号为配对使用摆弧指令的焊接参数文件号
	程序 举例	WEAVE#(1) …… WEAVEEND#(1)	调用摆弧参数文件 1,摆弧 摆弧路径 摆弧结束

焊接综合实例见表 6-2。

表 6-2　焊接综合实例

ARCSTART #(1) 10MM/S V=20V I=200A	调用 1 号焊接参数起弧,速度 10 mm/s,焊接电压 20 V,焊接电流 200 A
WEAVESINE #(1)	调用 1 号摆弧参数
MOVL VL=100MM/S PL=0	走焊接轨迹,速度按照 ARCSTART 指定 10 mm/s 执行。
WEAVEEND	摆弧结束
ARCEND #(1)	1 号焊接工艺灭弧,结束

说明:

ARCSTART 起弧指令到 ARCSTARTEND 之间只能执行 MOVL 和 MOVC 指令,不允许使用 MOVJ 指令。

ARCSTART 起弧指令到 ARCSTARTEND 之间的程序运行速度不受自动倍率控制。具体执行速度,按照以下执行:

ARCSTART#(1)后面空白:则起弧与结束之间按照程序给定的 VL×100% 运行。
ARCSTART#(1) 50%:则起弧与结束之间按照程序给定的 VL×50% 运行。

ARCSTART#(1) 8MM/S:则起弧与结束之间按照 8 mm/s 速度运行,程序中给定的 VL 无效。

6.3 焊机参数设置

焊机参数设置步骤如下：

在【用户工艺】→【焊接工艺】→【焊接主要的设定】→【装置设置】界面设置焊机控制的相关参数，如图 6-5 所示。

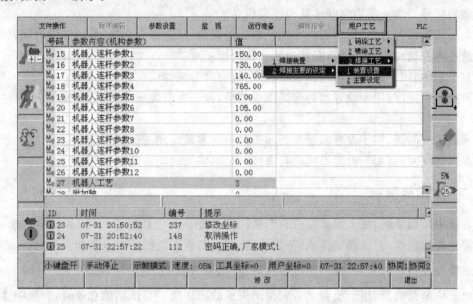

图 6-5 设置焊机控制

焊接装置设置界面如图 6-6 所示。

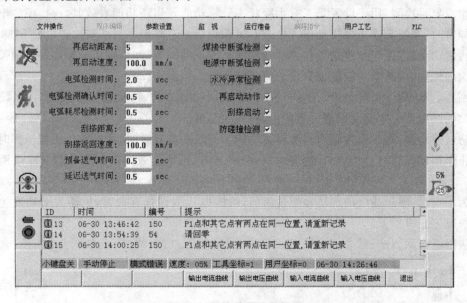

图 6-6 焊接装置设置界面

6.3.1 基本参数

再启动距离:用于设置当首次起弧没成功或中途断弧后,再次起弧的回退距离。

再启动速度:用于设置当首次起弧没成功或中途断弧后,再次起弧回退时的速度。

电弧检测时间:用于设置系统发出起弧后延时多长时间去检测。

电弧检测确认时间:用于设置系统检测到起弧成功信号的连续时间,即系统要连续检测起弧成功信号持续该参数时间才认为起弧成功。

电弧耗尽检测时间:用于设置系统检测到熄弧信号(起弧成功撤销)的连续时间,即系统要连续检测到熄弧信号持续该参数时间才认为熄弧成功。

刮搽距离:用于设置当再起弧没成功后,再一次起弧的向前移动距离。

刮搽返回速度:用于设置当再起弧没成功后,再一次起弧成功后回退到断弧点时的运行速度。

预备送气时间:用于设置系统准备起弧时提前多长时间送保护气体。

延迟送气时间:用于设置系统准备熄弧时延迟多长时间关闭保护气体。

6.3.2 功能选项

焊接中断弧检测:用于设置是否有断弧检测功能。当该功能有效时,焊接中途断弧,系统会停止焊接动作,并保存断弧点;下次再启动时,机器人返回断弧点再起弧后运行。

如需要撤销断弧点,切换到示教模式,按 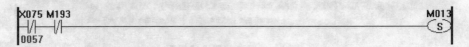 复位断弧点,对应辅助继电器 M180。

电源中断弧检测:用于设置是否有检测焊机故障功能。当该功能有效时,焊接中途焊机故障,系统会停止焊接动作;若该功能无效,则焊接过程中不检测焊接电源异常。该功能生效时机:系统开机,勾选该选项,运行起弧指令后,该功能生效。对应辅助继电器 M181。

水冷异常检测:用于设置是否有水冷状态异常功能。当该功能有效时,焊接中途出现水冷却异常时,系统会停止焊接动作。生效时机和焊机异常类似。对应辅助继电器 M182。

再启动动作:用于设置是否有再启动功能。当该功能有效时,焊接开始或中途熄弧后系统再次起弧,并按基本参数的设置按一定速度回退一定距离。

刮搽启动:用于设置是否有刮搽功能。当该功能有效时,再次起弧没成功时,系统按基本参数的设置按一定速度回退一定距离,再一次起弧。

防碰撞检测:用于设置是否有防碰撞功能。当该功能有效时,防碰撞传感器动作时系统会停止焊接动作,并伺服下电。生效时机:系统上电后,即生效。防碰撞检测对应辅助继电器 M13。

为了安全,强烈建议增加防碰撞传感器,防碰撞检测设置有效时,机器人末端发生碰撞时能快速停止机器人。

防碰撞解除方法:需要在系统 PLC M13 回路中增加 M193 常闭,如图 6-7 所示。

```
X075  M193                                                    M013
──┤├───┤/├─                                                    ─(S)─
0057
```

图 6-7 M193 常闭

当发生防碰撞报警时,点击屏幕坐标区 图标,图标消失,M193 有效。图 6-7 中 M13 回路断开,此时迅速按 复位报警,按 伺服上电,然后手动移动机器人到安全位置。30 s 后 M193 自动复位变为无效,上面回路又正常工作。

6.3.3 焊接电流匹配设置

用于设置系统输出 0～10 V 模拟量时控制的焊机焊接电流,在图 6-8 所示界面按【输出电流曲线】进入该设置界面。

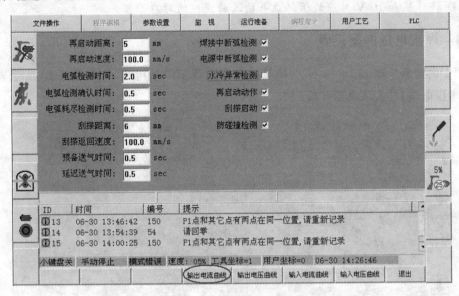

图 6-8 "输出电流曲线"设置界面

焊接电流设置界面,如图 6-9 所示。

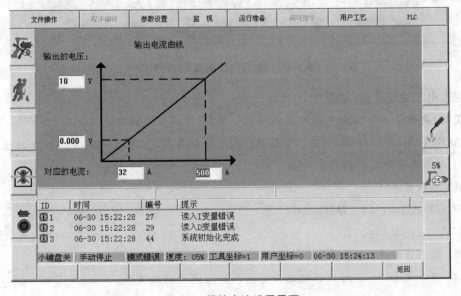

图 6-9 焊接电流设置界面

说明：要确认系统输出电压对应的焊接电流值，可通过系统输出0 V和10 V电压（编程程序 AOUT AO♯1＝0 和 AOUT AO♯1＝10 指令来实现）观察焊机显示的电流值，输入图6-9所示界面即可。操作步骤如下：

（1）编程程序：

AOUT AO♯1＝0 TIME5000

AOUT AO♯1＝10

（2）运行该程序，观察焊机电流监视器的显示值。

（3）将0 V和10 V对应的值记录并输入曲线图的对应关系。

6.3.4 焊接电压匹配设置

用于设置系统输出0～10 V模拟量时控制的焊机焊接电压，在如图6-10所示界面按【输出电压曲线】进入该设置界面。

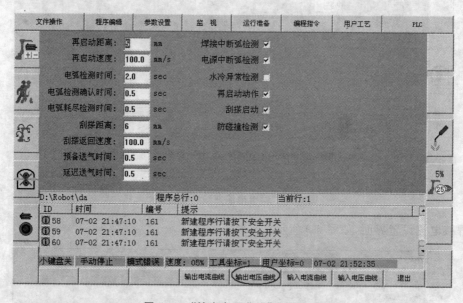

图6-10 "输出电压曲线"设置界面

焊接电压设置界面，如图6-11所示。

说明：要确认系统输出电压对应的焊接电压值，可通过系统输出0 V和10 V电压（编程程序 AOUT AO♯1＝0 和 AOUT AO♯1＝10 指令来实现）观察焊机显示的电压值，输入图6-11所示界面即可。操作步骤如下：

（1）编程程序：

AOUT AO♯1＝0 TIME5000

AOUT AO♯1＝10

（2）运行该程序，观察焊机电压监视器的显示值。

（3）将0 V和10 V对应的值记录并输入曲线图的对应关系。

项目6 焊接机器人应用

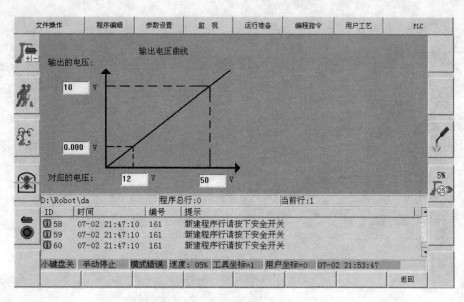

图 6-11 焊接电压设置界面

6.4 焊接工艺设置

6.4.1 设置焊接的基本参数

该操作主要设置焊接的电流和电压,如图 6-12 所示,在【用户工艺】→【焊接工艺】→【焊接装置】→【参数设置】下进入焊接参数设置界面,如图 6-13 所示。

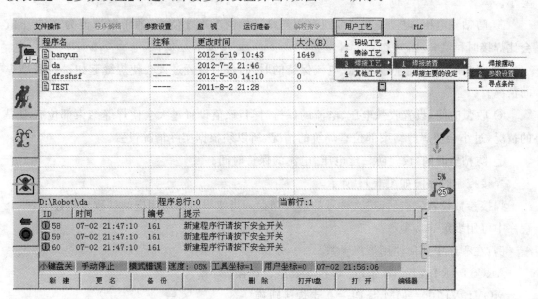

图 6-12 设备焊接的电流和电压

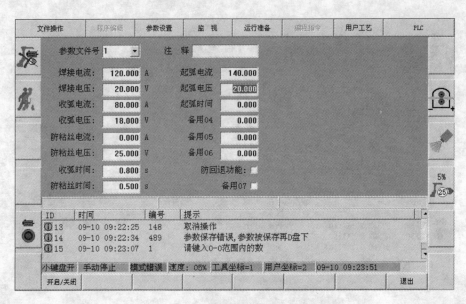

图 6-13 焊接参数设置界面

在图 6-13 中,在"参数文件号"栏选择文件号(范围 0～7),一个号对应一组焊接参数。具体各项参数介绍如下:

① 起弧电压、起弧电流是在起弧困难时使用,使用时为了方便起弧,可适当调高电压、电流值。

② 焊接电压、焊接电流是正常焊接时设置的值,这个值根据现场工艺设定。

③ 收弧电压、收弧电流是当收弧不饱满时使用,通常收弧电压、电流会比焊接时的值要小。

④ 防粘丝电压、电流是在收弧点有焊丝粘连的情况下才使用,通常电流值为 0,电压值会比焊接时稍高一些。

⑤ 起弧时间,设置起弧电压、电流保持的时间,该值设置过大会使焊缝起始部位有堆焊的情况。

⑥ 收弧时间,设置收弧电压、电流的保持时间,该值设置过大会使焊缝结束部位有堆焊的情况,过小会使焊缝结束部位有焊坑的情况,所以须根据实际情况设置。

⑦ 防粘丝时间,设置防粘丝电压、电流的保持时间。

焊接控制时序图如图 6-14 所示。

焊接参数设置完成后,按文件号的形式储存。当使用时调用相应的参数号就好了,一个程序中可用多组焊接参数。

例:在程序中如何使用焊接参数

ARCSTART#1   调用 1 号焊接参数进行焊接

MOVL VL100=MM/S PL=0 走焊接轨迹

ARCEND #1   1 号焊接工艺结束

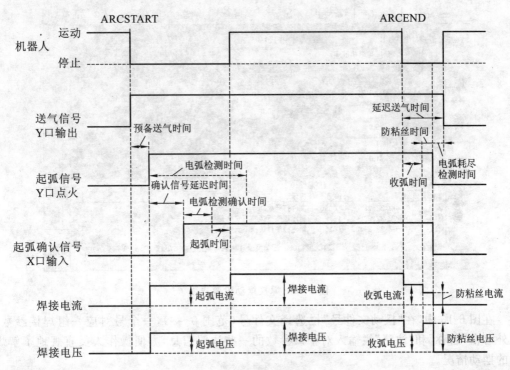

图 6-14 焊接控制时序图

6.4.2 设置焊接摆弧参数

该操作主要设置焊接较宽焊缝时需要摆弧的参数,如图 6-15 所示。

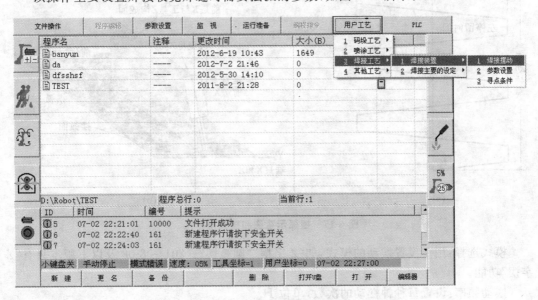

图 6-15 需要摆弧的参数

如图 6-15 所示,在【用户工艺】→【焊接工艺】→【焊接装置】→【焊接摆动】下进入焊接摆动设置界面,如图 6-16 所示。

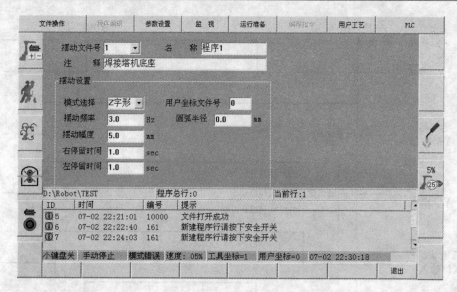

图 6-16　焊接摆动设置界面

在图 6-16 中,在"摆动文件号"栏选择文件号(范围 0～9),一个号对应一组焊接参数。另外可在"名称"和"注释"栏输入对于该参数的一些注明信息,方便操作人员直观地了解焊接的摆动情况。

在"摆动设置"栏里再将"模式选择""摆动频率""摆动幅度""左停留时间""右停留时间"值输入,按【退出】即可。图 6-17 所示为摆弧示意图和摆弧坐标系。

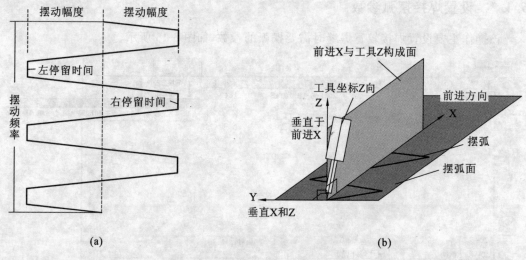

图 6-17　摆弧示意图和摆弧坐标系

模式选择:用于设置摆动的模式,如"Z字摆""圆弧摆"。2014-08-08 及以下版本只有"Z字摆"功能。

摆动频率:设置每秒钟摆动的次数,单位 Hz。

摆动幅度:设置单边摆动的距离,单位 mm。

左停留时间:设置摆动到左边顶点时的停留时间,单位 s。

右停留时间:设置摆动到右边顶点时的停留时间,单位 s。

说明：该摆动参数设置完成后，按文件号的形式储存。当使用时调用相应的参数号就好了，一个程序中可用多组焊接摆动参数。

摆弧都是基于摆弧坐标系摆动，当前进方向为圆弧时，则X向为法线方向。

例：在程序中如何使用焊接参数

ARCSTART♯1　调用1号焊接参数进行焊接

WEAVESINE♯1　调用1号摆动参数

MOVL VL100＝MM/S PL＝0　走焊接轨迹

WEAVEEND　摆动结束

ARCEND♯1　1号焊接工艺结束

6.5　焊接编程举例

在完成上述步骤后即可进行焊接编程步骤，以图4-23所示焊接工件为例，说明编写焊接程序的步骤。

6.5.1　程序举例

图4-23所示焊接工件基本焊接程序如下：

MOVJ VJ＝50.0％ PL＝5　快速移动到程序点1，待机点。

MOVJ VJ＝50.0％ PL＝5　快速移动到程序点2，焊接准备点。

MOVL VL＝200MM/S PL＝0　移动到程序点3，焊接开始点。

ARCSTART♯1　调用1号焊接参数，起弧。

WEAVESINE♯1　调用1号摆动参数。

MOVL VL＝50MM/S PL＝0　走焊接轨迹，直线移动到程序点4。

WEAVEEND　摆动结束。

ARCEND♯1　1号焊接工艺结束。

MOVJ VJ＝50.0％ PL＝3　快速移动到程序点5，安全点。

6.5.2　程序示教步骤

(1) 处于待机位置的程序点1，要处于与工件、夹具互不干涉的位置。

(2) 程序点5在向程序点1移动时，也要处于与工件、夹具互不干涉的位置。

(3) 示教程序点3到程序点4，即焊接段时，焊丝与前进X向构成面须垂直于焊接成形面，如图6-18(a)所示；否则摆弧坐标的Y向成形面不平行，摆弧将一边高，一边低，如图6-18(b)所示。

(4) 再现时焊丝伸出的长度要和示教时伸出的长度相同。用点动 送出焊丝，请剪取适当长度(10 mm左右)的焊丝。

(5) 在示教中，焊丝因和工件接触发生弯曲时，把焊丝送出50～100 mm，剪取适当的长度，继续示教。

(6) 示教结束后，点击 键试运行，确认轨迹是否正确。

在示教模式下，在主界面点击【新建】按钮，建立新程序，如图6-19所示。

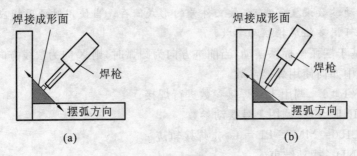

图 6-18 垂直焊接成形面

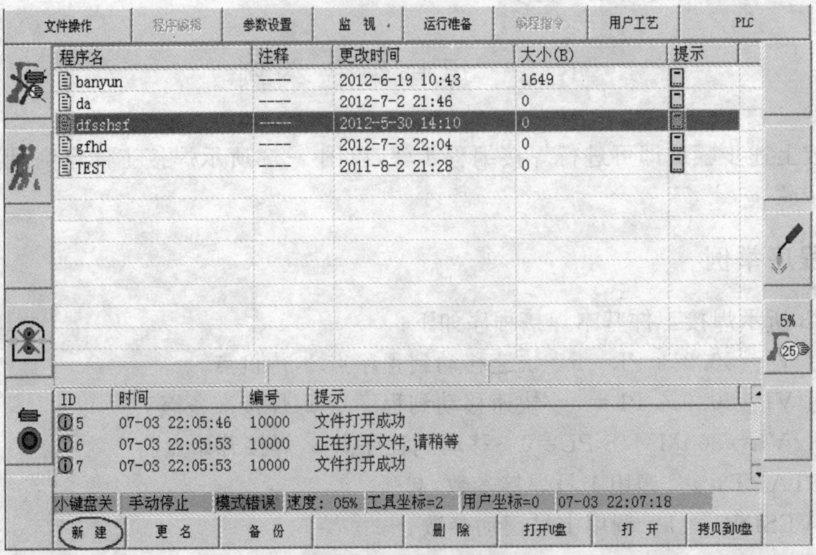

图 6-19 建立新焊接程序

在图 6-20 所示界面中输入程序名"ARCLINE"。

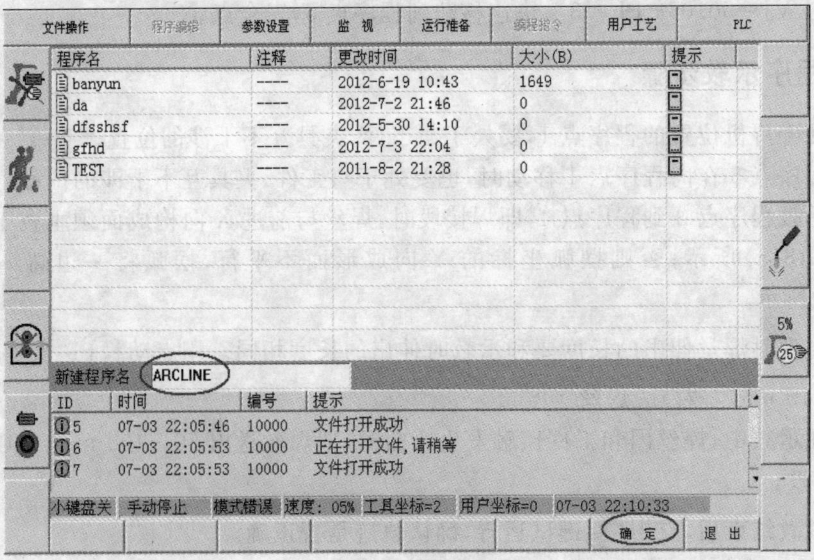

图 6-20 输入程序名"ARCLINE"

点击【确定】按钮,程序名新建完成,并出现在资源管理器中,如图 6-21 所示。

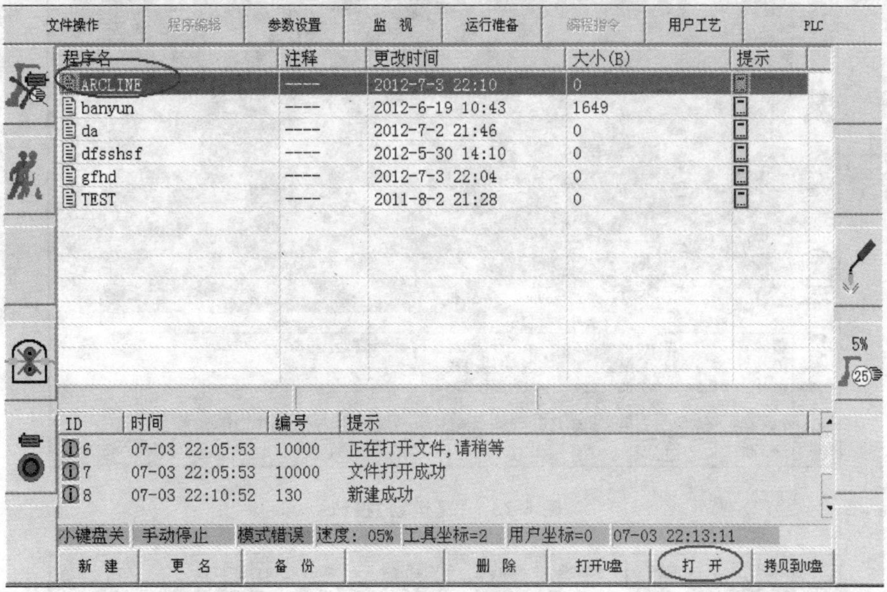

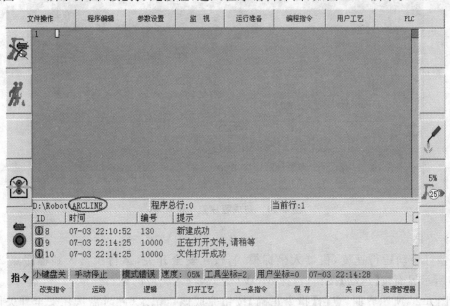

图 6-21 新建完成

在图 6-21 所示界面,按【打开】按钮,进入程序编辑界面,如图 6-22 所示。

图 6-22 程序编辑界面

(1) 程序点 1

调整好手动运行速度,机器人坐标模式,按住安全开关,运行机器人到程序点 1,在如图 6-23 所示界面按【运动】按钮,选择 MOVJ 方式,输入相应的运行速度即可。

在图 6-23 所示界面,点击【指令正确】按钮完成该点记录(此时需按住安全开关,使之处于有效状态),如图 6-24 所示。

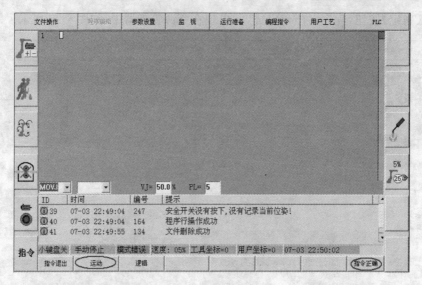

图 6-23 按【运动】按钮

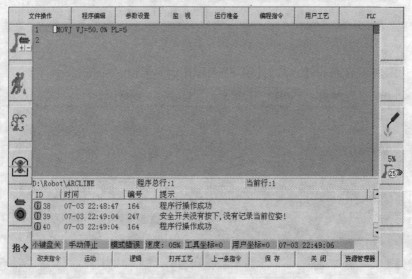

图 6-24 完成程序点 1 的记录

(2) 程序点 2

调整好手动运行速度,机器人坐标模式,按住安全开关,运行机器人到程序点 2,在如图 6-25 所示界面按【运动】按钮,选择 MOVJ 方式,输入相应的运行速度。

在图 6-25 所示界面,点击【指令正确】按钮完成该点记录(此时需按住安全开关使之处于有效状态),如图 6-26 所示。

(3) 程序点 3

调整好手动运行速度,使机器人处在直角坐标模式 下,按住安全开关,运行机器人到程序点 3,在如图 6-27 所示界面按【运动】按钮,选择 MOVL 方式,输入相应的运行速度。

在图 6-27 所示界面,点击【指令正确】按钮完成该点记录(此时需按住安全开关使之处于有效状态),如图 6-28 所示。

项目 6 焊接机器人应用

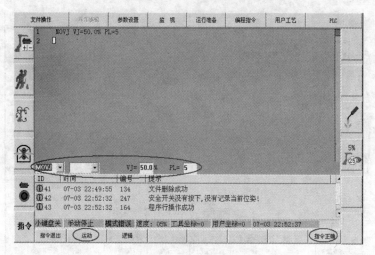

图 6-25 选择 MOVJ 方式

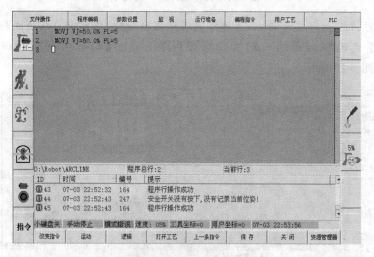

图 6-26 完成程序点 2 的记录

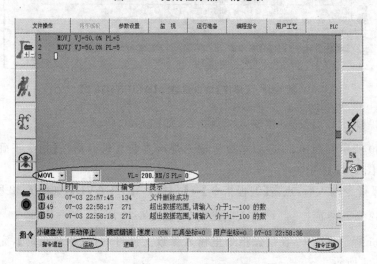

图 6-27 输入相应的运行速度

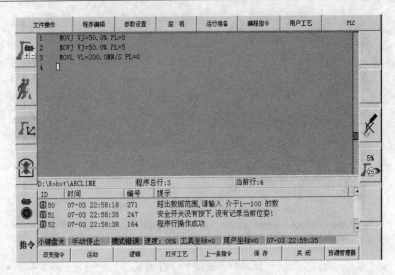

图 6-28 完成程序点 3 的记录

注意：程序点 3 为焊接起始点，为确保能实现摆动功能，焊丝需与焊接成形面垂直。

焊接起始点确定后需输入起弧和摆弧指令。点击【编程指令】→【焊接】→【ARC START】，如图 6-29 所示。

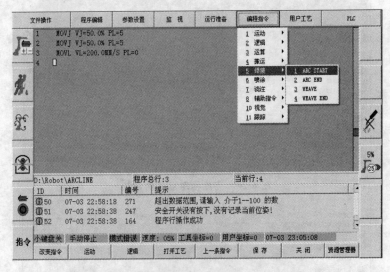

图 6-29 【焊接】指令里选择【ARC START】

在图 6-29 所示界面按 ↵ 键输入起弧指令，如图 6-30 所示。

在图 6-30 所示界面中，在起弧指令里输入焊接参数文件号后按【指令正确】，完成起弧指令输入，如图 6-31 所示。

完成起弧指令输入后，点击【编程指令】→【焊接】→【WEAVE】，如图 6-32 所示。

在图 6-32 所示界面按 ↵ 键输入摆弧指令，如图 6-33 所示。

在图 6-33 所示界面中，在摆弧指令里输入参数文件号后按【指令正确】，完成摆弧指令输入，如图 6-34 所示。

项目 6 焊接机器人应用

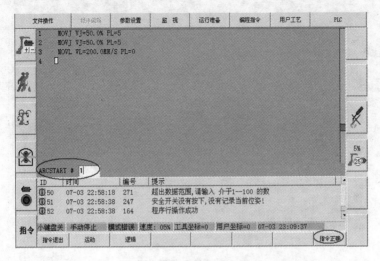

图 6-30 输入起弧指令

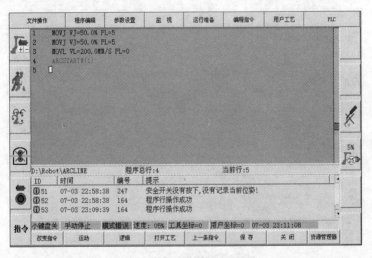

图 6-31 完成起弧指令输入

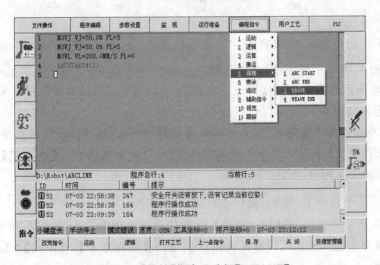

图 6-32 【焊接】指令里选择【WEAVE】

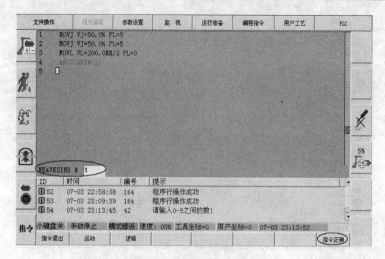

图 6-33 输入摆弧指令

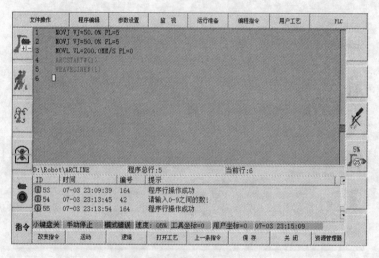

图 6-34 完成摆弧指令输入

(4) 程序点 4

调整好手动运行速度,使机器人在直角坐标模式下,按住安全开关,运行机器人到程序点 4,在图 6-35 所示界面中按【运动】按钮,选择 MOVL 方式,输入相应的运行速度。

在图 6-35 所示界面中,点击【指令正确】按钮完成该点记录(此时需按住安全开关使之处于有效状态),如图 6-36 所示。

注意:程序点 4 为焊接结束点,为确保能实现摆动功能,焊丝需与焊接成形面垂直。

焊接结束点确定后需输入停止摆弧和熄弧指令(先停止摆弧再灭弧),点击【编程指令】→【焊接】→【WEAVE END】,如图 6-37 所示。

在图 6-37 所示界面中,按 ↵ 键输入停止摆弧指令,如图 6-38 所示。

在图 6-38 所示界面中,按【指令正确】,完成停止摆弧指令输入,如图 6-39 所示。

停止摆弧指令输入完成后需输入灭弧指令,点击【编程指令】→【焊接】→【ARC END】,如图 6-40 所示。

项目 6 焊接机器人应用

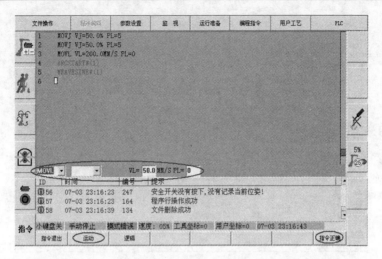

图 6-35 运行机器人到程序点 4

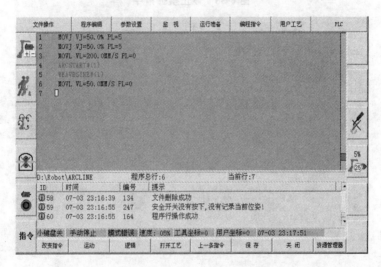

图 6-36 完成程序点 4 的记录

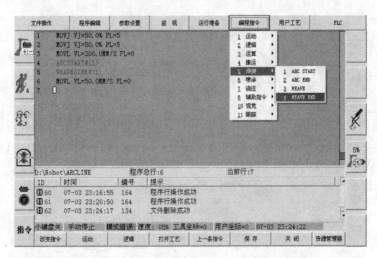

图 6-37 【焊接】指令里选择【WEAVE END】

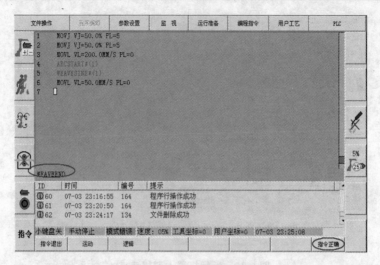

图 6-38 停止摆弧指令

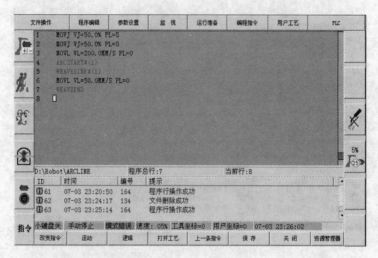

图 6-39 完成停止摆弧指令输入

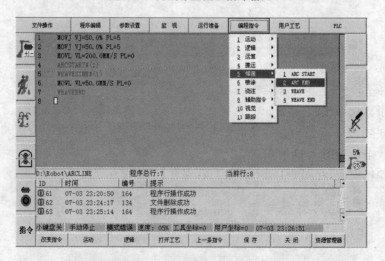

图 6-40 【焊接】指令里选择【ARC END】

在图 6-40 所示界面中按 ↵ 键输入灭弧指令,如图 6-41 所示。

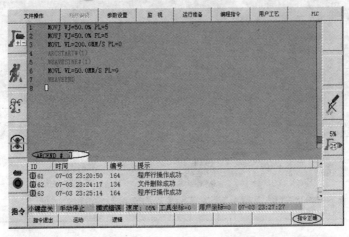

图 6-41 输入灭弧指令

在图 6-41 所示界面中,在灭弧指令里输入焊接参数文件号后按【指令正确】,完成灭弧指令输入,如图 6-42 所示。

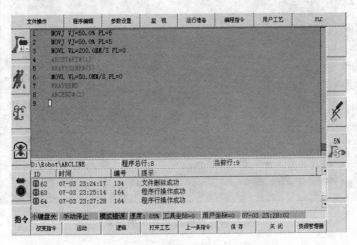

图 6-42 完成灭弧指令输入

(5) 程序点 5

调整好手动运行速度,机器人坐标模式,按住安全开关,运行机器人到程序点 5,在图 6-43 所示界面中按【运动】按钮,选择 MOVJ 方式,输入相应的运行速度。

在图 6-43 所示界面中,点击【指令正确】按钮完成该点记录(此时需按住安全开关使之处于有效状态),如图 6-44 所示。

程序编辑完成,在图 6-44 所示界面按【保存】按钮保存程序即可。

6.5.3 程序试运行验证

程序编辑完成后需在示教模式下试运行程序,以检验程序轨迹是否正确,操作方法如下:

在示教模式下,打开编程好的程序。将光标移动到对应的程序行。按住安全开关,同时

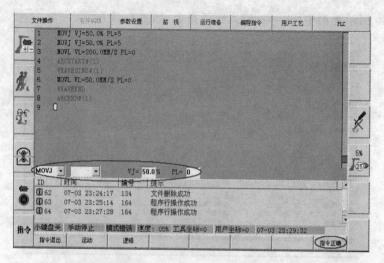

图 6-43　运行机器人到程序点 5

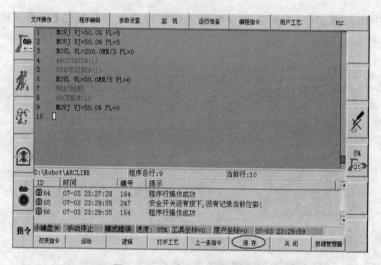

图 6-44　完成程序点 5 的记录

一直按住 键,程序将以试运行的速度低速运行。

(1) 当前程序段执行完成后,光标自动移动到下一行。

(2) 起弧、灭弧、摆弧、停止摆弧指令可试运行。

(3) 试运行时不执行摆弧动作,只执行直线动作。

6.5.4　程序再现

不起弧空运行:在程序轨迹试运行验证完成后,需在不起弧的情况下自动执行一遍程序,以验证焊接的实际速度和摆弧的情况是否正确。

应特别注意以下事项,否则有可能会发生人身事故或设备故障:

① 运行程序前必须确保机器人周边无人员。

② 运行程序前必须确保机器人周边无干涉情况。

③ 运行过程中,随时准备按急停键,确保发生异常时快速终止机器运行。

不起弧空运行操作方法如下:

在示教模式下打开程序,将光标移动到首行,切换到再现模式,调整好运行速度和运行方式。将起弧状态切换到 ![icon] 模式。按 ![icon] 键启动程序。

注意:

① 中途要停止程序按 ![icon] 。

② 在中途停止程序后,若需从头开始执行程序,需进行程序复位,如图 6-45 所示,否则将从停止处继续运行焊接程序。

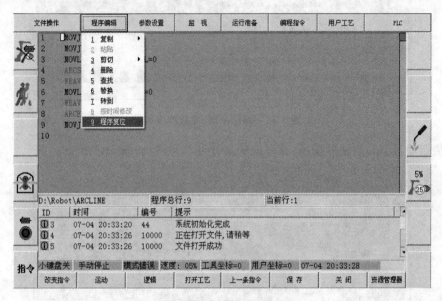

图 6-45 程序复位

起弧运行:在轨焊接的实际速度和摆弧的情况验证完成后,即可实际进行焊接。

应特别注意以下事项,否则有可能会发生人身事故或设备故障:

① 运行程序前必须确保机器人周边无人员。
② 运行程序前必须确保机器人周边无干涉情况。
③ 运行过程中,随时准备按急停键,确保发生异常时快速终止机器运行。
④ 运行前确保焊接电源及周边设备运行正常。

起弧运行操作方法如下:

在示教模式下打开程序,将光标移动到首行。切换到再现模式。调整好运行速度和运行方式。将起弧状态切换到 ![icon] 模式。按 ![icon] 键启动程序。

注意:

① 中途要停止程序按 ![icon] 。

② 在中途停止程序后,若需从头开始执行程序,需进行程序复位(图 6-45),否则将从停止处继续运行焊接程序。

进行实际焊接后可根据焊接效果调整焊接参数。

焊接电流、电压的调整:在对应的参数文件里调整,如图6-46所示。

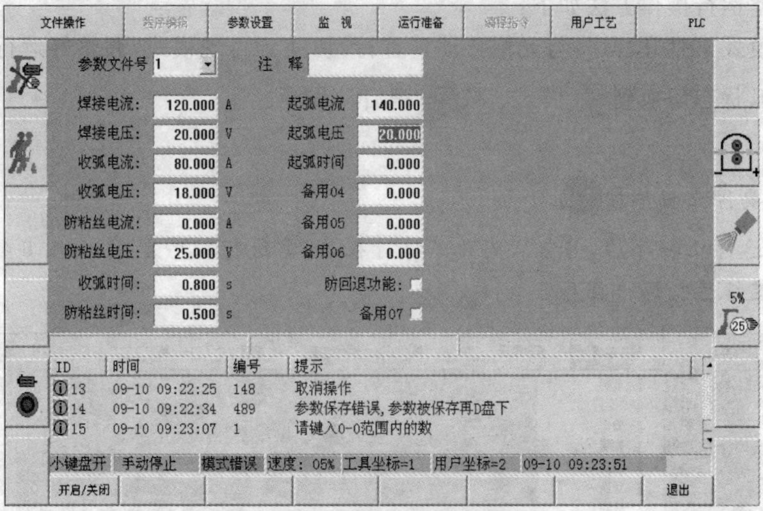

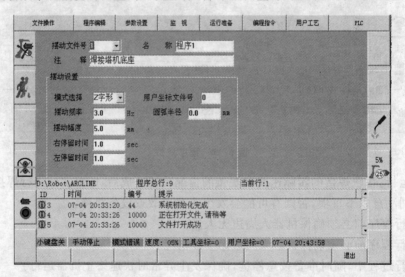

图6-46 焊接电流、电压的调整

焊接摆动频率和幅度的调整:在对应的文件号里调整,如图6-47所示。

图6-47 焊接摆动频率和幅度的调整

焊接速度的调整通过修改程序实现,即在程序界面,将光标移动到对应的程序行按【指令退出】退出界面。

在图6-48所示界面输入相应的速度后,按【指令正确】完成速度修改。此时不能按住安全开关,否则程序坐标也会发生改变。

调整完成后,按  键启动程序,测试运行效果。

摆弧思路:摆弧需要两个条件,一是工具坐标Z方向,决定摆弧Z方向;二是机器人末端前进方向,决定摆弧的X方向。摆弧面垂直于Z向,摆动方向垂直于X方向,即Y方向摆动。

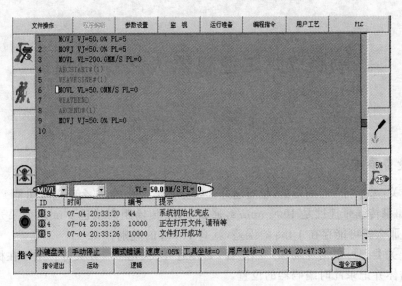

图 6-48 焊接速度的调整

焊接处理流程：

(1) 程序运行到 ARCSTART；

(2) 判断焊接开关为开或关（不检测下面直接执行轨迹,不控制焊接）；

(3) 延时预备送气时间,开气；

(4) 送出起弧信号；

(5) 开始电弧检测时间,超过时间没收到确认信号,报警起弧失败；

(6) 开始检测起弧成功信号（时间长度:电弧检测确认时间）,有成功信号,开始焊接动作；

(7) 焊接结束后关闭起弧信号；

(8) 同时开始延时延迟送气时间；

(9) 延时电弧耗尽时间；

(10) 延迟时间到,关气；

(11) 灭弧结束。

项目7 工业机器人跟踪应用

7.1 准备工作

7.1.1 设备要求

检测开关:选择响应时间短的,越短越好。如有些是1 K的,那么响应时间是1 ms;500 Hz是2 ms。如果传输带速度是1000 mm/s,那么1 ms传输距离就是1 mm,如果开关响应时间是1 ms,那么就可能存在1 ms的误差,就有1 mm的差别。

检测开关类型可根据现场和产品选择,如接近开关、光感应开关等。用于在标定跟踪工艺时标定物体并记录此时编码器的位置。

标定杆:制作标定杆要求标定杆的尖点和机器人末端轴的法兰中心在同一轴心上,方便调试时观察精度和模拟抓取。

标定物体:只要能触发检测开关动作即可,根据检测开关选择,最好顶部带有椎体。用于在标定跟踪工艺时,触发检测开关信号,椎体部分用于在调试跟踪工艺时观察跟踪精度。

编码器:一般要求在1024P/R以上的编码器,最大2500P/R,建议采用差分输出型。编码器用于记录传送带位置。

传送带:要求速度平稳,可调速,能正反转最好,速度一定要保持均匀,否则跟踪过程中系统可能会报警。传送带用于传送物体,传送带传送面尽量保持水平。

7.1.2 硬件连接

硬件连接时,布线应规范,走线应合理,尽量避免干扰。

编码器电源线不能超过20 m,超过时采用就近原则,在编码器位置安装一个开关电源供编码器使用。

编码器的安装一定要和传送带的滚筒同轴,且不能出现打滑现象。

7.1.3 硬件连接说明

硬件连接示意图如图7-1所示。

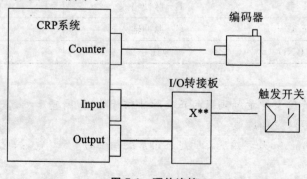

图7-1 硬件连接

检测开关的电源由 I/O 板提供,信号送给 I/O 端输入。

检测开关信号接入原则:跟踪工艺中,可以选择低速 IO(0)或者高速 IO(1)。

当选择低速 IO(0)时,对应跟踪工艺号(0~9)会要求对应的(M270~M279)辅助继电器有效。此时修改用户 PLC,将检测开关信号接线的 X 口与对应工艺的 M 辅助继电器连接。例:使用跟踪工艺 7,触发信号接在 X8 上,则用户 PLC 修改如图 7-2 所示。

图 7-2 用户 PLC 修改

当 X08 有效时,M277 动作,跟踪工艺 7 开始触发。

当选择低速 IO(0)时,触发信号可以接到任意 X 输入口。只需要在 PLC 中,将该 X 口与使用的工艺号对应的 M 继电器连接即可。

低速 IO,10 ms 扫描一次,适合传送带速度不快的场合。

当选择高速 IO(1)时,X0~X9 就一一对应跟踪工艺号(0~9)。即:选用跟踪工艺 3,则触发信号必须接到 X03 接口上。

选择高速 IO 时,不需要再编写用户 PLC 程序,系统直接调用对应接口。

高速 IO,1 ms 扫描一次,适合传送带速度快的场合。

7.1.4 Counter 接口引脚定义

Counter 接口引脚定义见表 7-1。

表 7-1 Counter 接口引脚定义

作用:计数接口			
引脚	名称	定义	有效状态
1	E_A+	A+脉冲输入	\
2	E_B+	B+脉冲输入	\
3	E_C+	C+脉冲输入	\
4	VCC	输出+5 V 电源	\
5	+24 V	输出+24 V 电源	\
6	E_A−	A−脉冲输入	\
7	E_B−	B−脉冲输入	\
8	E_C−	C−脉冲输入	\
9	GND	地线 0 V	\

注意:

① 该接口用于旋转型增量编码器的正交脉冲信号检测,编码器线数最大为 2500 P/R。

② 接线必须采用双绞屏蔽线。

③ 本输入为光耦隔离,外部编码器既可采用系统提供的+5 V 电源,也可外接其他+5 V 电源,如图 7-3 所示。

④ 3 和 8 脚做短接处理。

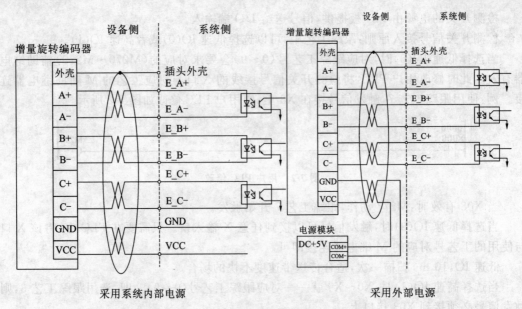

图 7-3 采用系统内部电源和采用外部电源

编码器连接好后,可以到系统【监视】→【电机】→【反馈位置】→【确定】中【外部】查看是否有变化。编码器反馈脉冲数在系统里面进行了 4 倍频处理。

7.2 跟踪工艺设置

7.2.1 跟踪标定前准备工作

(1) 把标定杆固定在机器人末端轴的法兰上,只可能保证标定杆与末端轴同轴。
(2) 将检测开关信号接入 I/O 转接板。
(3) 打开系统进入跟踪工艺界面,如图 7-4 所示。

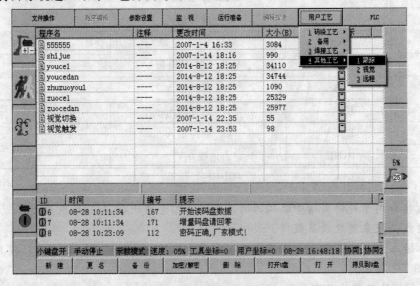

图 7-4 进入跟踪工艺界面

7.2.2 设置跟踪参数

进入跟踪界面，选择 PLC 中辅助继电器对应的工艺号，如：M277，则使用 7 号工艺，如图 7-5 所示。

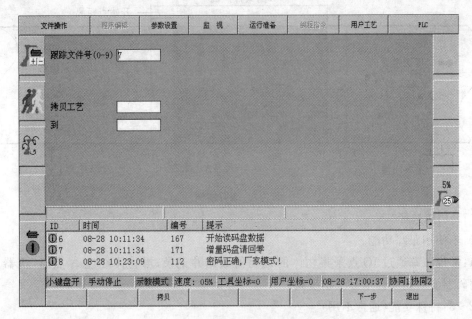

图 7-5 设置跟踪参数

点击【下一步】，进入 7 号跟踪工艺设置界面，如图 7-6 所示。

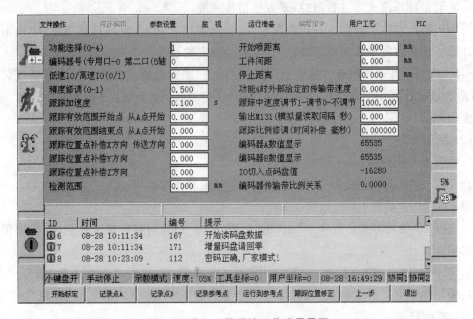

图 7-6 进入 7 号跟踪工艺设置界面

7.2.3 参数项详解

跟踪案例如图 7-7 所示。

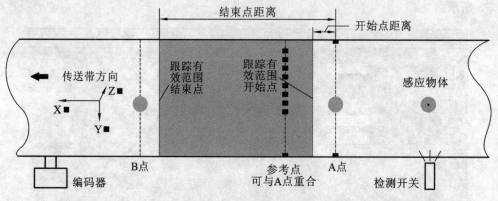

图 7-7 跟踪案例

(1) 功能选择

0:不使用跟踪功能。

1:常规跟踪通过 IO 点采集物体的编码器数据并记录,当物体经过 A 点时,机器人动作,编码器实时刷新。本方法精度高。

2~3:特殊功能(通常不用)。

4:给定速度跟踪或模拟量卡读入的数据计算速度来进行跟踪。给定速度跟踪:机器人按照预先设定速度跟踪,本方法精度较差。模拟量读入数据计算跟踪:机器人按照模量采集卡读入的数据计算出速度进行跟踪,本方法精度一般。

5:编码器计算速度跟踪。开始跟踪时,跟踪速度用 250 ms 时间计算出来,中途不进行实时计算。用于精度要求不高,传输带速度波动厉害的场合。本方法精度较差。

6:IO 检测计算速度跟踪。通过 IO 加给定距离,测得的速度作为下次跟踪速度。设置 6 时,系统通过计算出的速度(工件间距/两次 IO 检测时间)作为下一次的跟踪速度。本方法精度较差。

(2) 编码器号

0:机器人专用跟踪口,一般采用此接口。

1~8:1~8 轴的反馈接口(多路跟踪采用运动轴的反馈接口)。

(3) 低速 IO/高速 IO

0:选择 IO 触发方式是低速 IO,10 ms 扫描一次。适合对精度要求比较低,传输带速度不快的场合。

M270~M279 对应工艺的 0~9 号文件,需要修改 PLC,把对应的 X 口引入到 M270~M279。

1:采用高速 IO,1 ms 扫描一次。X0~X9 是高速 IO,X0~X9 对应工艺跟踪文件 0~9。

(4) 精度修调

机器人从静止到运行到传输带速度后,在每个控制周期(2.5 ms)内,系统控制机器人追踪物体移动距离=(目标位置-机器人当前位置)×精度修调。精度修调默认 0.5,一般设置为 0.2 较为合适,范围:0～1。

(5) 跟踪加速度

物体进入机器人工作区后,机器人从静止状态运行到传输带的速度需要的时间,单位是 s,根据机械强度以及效率确定,通常设为 0.1～0.2。范围可以由大到小进行修改,改到机器人跟上去不出现抖动为最佳。

(6) 跟踪有效范围开始点

从 A 点开始,以 A 点为基准设置跟踪范围的开始点,单位 mm。默认设置为 0,即从 A 点开始跟踪;设置为正值,从传输带方向 A 点以后多少距离开始跟踪;设置为负值,从 A 点之前多少距离开始跟踪。以 A 点为基准的前进方向为正。

(7) 跟踪有效范围结束点

从 A 点开始,以 A 点为基准设置跟踪范围的结束点,单位 mm。即,实际跟踪范围为跟踪有效范围开始点到跟踪有效范围结束点之间的距离。以 A 点为基准的前进方向为正。

(8) 跟踪位置点补偿 X 方向

传输方向,对跟踪的误差进行 X 方向的修调,X 方向为传输带的前进方向。

(9) 跟踪位置点补偿 Y 方向

对跟踪的误差进行 Y 方向的修调,Y 方向为传输带前进方向的左边。

(10) 跟踪位置点补偿 Z 方向

对跟踪的误差进行 Z 方向的修调,Z 方向为传输带前进方向的上方。

(8)、(9)、(10)项是在做完工艺后,运行程序 X、Y、Z 方向出现了误差时作修调用的。也可在得到跟踪数据指令(GETTRACKDATA)中补偿 X、Y、Z。参数和指令两者数据为叠加效果,即:参数 X 设 1,指令 X 设－2,最后结果 1+(－2)＝－1。

跟踪位置点补偿,只对跟踪抓取(使用 GP50/GP51 变量)有效,对跟踪喷涂(使用轨迹)无效。

(11) 检测范围

两个物体之间在检测到物体后,这个范围内如果再检测到物体,过滤掉,只认为第一次有效。当出现重复抓取时,可合理设置本参数。物体因为检测范围被过滤掉,该物体不采集。

(12) 开始喷距离

跟踪喷时,物体进入机器人跟踪区域,机器人等待物体经过 A 点再移动这个距离才开始喷涂动作。这个距离之内检测到物体将放弃。适用于小物体多把喷枪时。

如图 7-8 所示,1 号物体要到达开始喷点,机器人才开始动作,同时后面的 2、3 号物体因为在开始喷涂距离内,采集后扔掉;4 号物体因为在检测范围内,不采集;下一次 5 号物体到达开始喷点,机器人再开始动作。

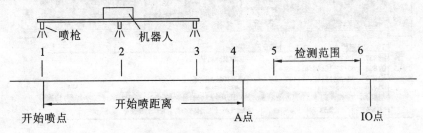

图 7-8 跟踪喷涂动作流程

(13) 工件间距

只在功能2、3时有效,通常设置为0。

(14) 停止距离

只在功能2、3时有效,通常设置为0。

(15) 功能4时外部给定的传输带速度

设定功能4时的跟踪速度,单位:mm/s。

(16) 跟踪中速度调节

跟踪过程中,低速不准高速准时,将本参数设置为:1000.000。

(17) 输出 M131(模拟量读取间隔 秒)

设定跟踪中过了 A 点多少距离输出 M131,下次跟踪开始撤销。当跟踪功能设定为2、3时使用。

(18) 跟踪比例修调(时间补偿 毫秒)

用于修调传输带比例关系,本参数与实际编码器传输带比例关系之间为叠加效果。当跟踪功能设定为2、3时使用。

(19) 编码器 A 数值显示

用于显示在标定时,标定物体经过 A 点的编码器值。

(20) 编码器 B 数值显示

用于显示在标定时,标定物体经过 B 点的编码器值。

(21) IO 切入点码盘值

用于显示在标定时,标定物体经过检测开关的编码器值。

(22) 编码器传输带比例关系

这个值会在程序运行后显示出来,不同的传输带速度,比例值差异应该不大。

7.3 标定过程

根据现场需求设置参数,如图 7-9 所示。

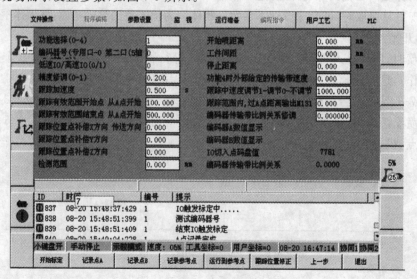

图 7-9 设置参数

标定物体放入传输带上,此时标定物体的位置不能变,最好做一个标记或者设一个参照物,方便再次取放能在同一位置,如图 7-10 所示。

图 7-10 跟踪标定实例图

点击【开始标定】按钮,信息提示区显示:"IO 触发标定中……"然后开启传输带,把标定物体移动到接近开关位置,关闭传输带,如图 7-11 所示。系统提示信息区显示:"结束 IO 触发标定"。同时在跟踪工艺界面"IO 切入点码盘值"显示当前的编码器值:7781。

如果圆柱椎体接近开关并且感应到了后,南大机器人系统没有出现"结束 IO 触发标定"的提示;点击一下【跟踪位置修正】→【上一步】返回后,重新开始标定就能结束标定。

继续开启传输带,将标定物体移动到自定义的 A 点位置,并停止传输带。移动机器人,将机器人末端标定杆的尖点和标定物体的尖点对齐,如图 7-12 所示。

图 7-11 标定物体到接近开关

点击子菜单区【记录点 A】,信息提示区提示:"A 点记录完成",A 点位置数据请查看全局变量 GP47。同时工艺界面【编码器 A 数值显示】后面将显示当前编码器值:-18374。

再次点击子菜单区【记录参考点】,信息提示区提示:"参考姿态点记录完成"。

记录参考点是记录机器人抓取时的高度和姿态。每次跟踪时都会以记录参考点的高度和姿态去跟踪抓取,可以和 AB 点不在一个高度。记录后存储在全局变量 GP100~109 中,可以点击【运行到参考点】,将机器人移动到参考点位置检查。

参考点在跟踪喷涂过程中无实际意义,但是也要记录。标定时,可以大概定一个参考点位置,在实际产品放入后再重新定义参考点。

A 点和参考点记录完成后,再次开启传输带,将标定物体移动到自定义的 B 点位置,停止传输带,同时移动标定杆,将标定杆的尖点与标定物体的尖点对齐,如图 7-13 所示。

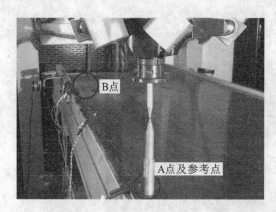 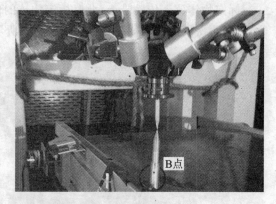

图 7-12　末端的标定杆对齐 A 点　　　　图 7-13　末端的标定杆对齐 B 点

点击子菜单区【记录点 B】,信息提示区提示:"B 点记录完成"。同时工艺界面中【编码器 B 数值显示】后面显示当前编码器值:-23231。

跟踪标定时候按照【开始标定(IO 切入点)】→【记录点 A】→【记录参考点】→【记录点 B】的顺序完成标定。

到此标定结束,图 7-14 所示为标定完成后的数据页面。

图 7-14　标定完成后的数据页面

7.4　编程运行

7.4.1　跟踪指令

跟踪指令定义见表 7-2。

表 7-2　跟踪指令定义

跟踪指令	定　义
REACK START ♯（跟踪文件号）	跟踪开始
TRACK END ♯（跟踪文件号）	跟踪结束
GET TRACK DATA ♯（跟踪文件号）	得到跟踪缓冲区的数据
CLEAR TRACK DATA ♯（跟踪文件号）	清除跟踪缓冲区的数据
RUN IO CUTIN ♯（跟踪文件号）	运行后台 IO 检测

7.4.2　跟踪相关变量

跟踪变量定义见表 7-3。

表 7-3　跟踪变量定义

GI 变量	定　义	GP 变量	定　义
GI52	跟踪缓冲区数据个数	GP40	跟踪工艺 0 的 A 点位置记录
GI60	跟踪缓冲 0 的个数	GP41	跟踪工艺 1 的 A 点位置记录
GI61	跟踪缓冲 1 的个数	GP42	跟踪工艺 2 的 A 点位置记录
GI62	跟踪缓冲 2 的个数	GP43	跟踪工艺 3 的 A 点位置记录
GI63	跟踪缓冲 3 的个数	GP44	跟踪工艺 4 的 A 点位置记录
GI64	跟踪缓冲 4 的个数	GP45	跟踪工艺 5 的 A 点位置记录
GI65	跟踪缓冲 5 的个数	GP46	跟踪工艺 6 的 A 点位置记录
GI66	跟踪缓冲 6 的个数	GP47	跟踪工艺 7 的 A 点位置记录
GI67	跟踪缓冲 7 的个数	GP48	跟踪工艺 8 的 A 点位置记录
GI68	跟踪缓冲 8 的个数	GP49	跟踪工艺 9 的 A 点位置记录
GI69	跟踪缓冲 9 的个数	GP50	跟踪工艺中,当前物体的机器人位置
		GP51	跟踪工艺中,当前物体的机器人位置
		GP100	跟踪 0 参考点
		GP101	跟踪 1 参考点
		GP102	跟踪 2 参考点
		GP103	跟踪 3 参考点
		GP104	跟踪 4 参考点
		GP105	跟踪 5 参考点
		GP106	跟踪 6 参考点
		GP107	跟踪 7 参考点
		GP108	跟踪 8 参考点
		GP109	跟踪 9 参考点

7.4.3 跟踪程序举例

跟踪抓取程序见表 7-4。

表 7-4 跟踪抓取程序

MOVL VL=500MM/S PL=0	//运行到固定点上方,等待抓取
RUN IO CUTIN #(7)	//运行后台 IO 检测,如果有物体经过 IO 点,会把当前位置压入缓冲区
GET TRACK DATA #(7)	//得到当前的物体位置,放在 GP50、GP51 里面判断跟踪缓冲区的数据,如果没有数据,等待;数据没有进入 AB 的范围,等待;数据超出 B 点,放弃这组数据,等待
TREACK START #(7)	//跟踪开始
ADD GP51 3 2	//GP51 的 Z 方向增加 2 mm。如果要 Z 正方向移动 10 mm,那么 ADD GP51 2 10,这条指令是出于安全考虑和在抓取工件时,避免碰到工件 操作 GP 变量,后面 1 表示 X 轴,2 表示 Y 轴,3 表示 Z 轴
TIME 2000	//延时,为了观察跟踪精度
MOVL GP50 …	//运行到跟踪点
DOUT Y0=ON	//抓住物体
MOVL GP51 …	//提起物体
GP50 运行到 GP51 这几段时间是和传输带同步的,可以做动作	
TRACK END #(7)	//跟踪结束

连续跟踪抓取程序见表 7-5。

表 7-5 连续跟踪抓取程序

RUNVISON#(0)	运行视觉 0 号工艺
*1	跳转标志
TRIGGERVISON#(0)	触发一次,如果采用定时触发,可以取消,只判断缓冲是否有数据
TIME T=200	延时 200 ms
JUMP *1 IF GI#63<=0.000	假如跟踪缓冲没有数据,跳转再次触发
WHILE GI#63>1 0	
GETTRACKDATA#(3)	
TRACKSTART#(3)	跟踪开始
ADD GP#51(3) 5.00	GP51 的 Z 方向上提 5 mm,防止撞到工件
MOVL VL=200MM/S GP#51 PL=0	运行到 GP51
MOVL VL=200MM/S GP#50 PL=0	运行到 GP50
DOUT Y#(0)=ON	抓取
WAIT X#(0)==ON T=0	等待抓取到位

续表 7-5

MOVL VL=200MM/S GP#51 PL=0	运行到 GP51
TRACKEND#(3)	跟踪结束
……	放物体
END WHILE 0	

跟踪喷涂程序见表 7-6。

表 7-6 跟踪喷涂程序

MOVL VL=500MM/S PL=0	//运行到 A 点上方，等待喷涂
RUN IO CUTIN #(7)	//运行后台 IO 检测，如果有物体经过 IO 点，会把当前位置压入缓冲区
GET TRACK DATA #(7)	//得到跟踪缓冲区的数据。如果没有数据，等待；数据没有进入 AB 的范围，等待；数据超出 B 点，放弃这组数据，等待
DOUT Y0=ON	//开喷枪等辅助动作
TREACK START #(7)	//跟踪开始
Call XXX	//喷涂程序，如 CALL 喷涂工艺生成的子程序，执行喷涂动作
TRACK END #(7)	//跟踪结束
DOUT Y0=OFF	//关喷枪等辅助动作
MOVL VL=500MM/S PL=0	//运行到 A 点上方，等待下一件物体的喷涂

7.5 跟踪标定和编程时注意事项

（1）标定 IO 切入点、参考点、A 点、B 点时，都必须在同一个物体、同一个编码器基数下记录。标定的过程中，物体不能手动移动；要停止，只能停止传输带不能人为移动标定物体，否则会跟踪不准确。

（2）A、B 点用来计算传输带的运动方向，同时计算编码器和传输带之间的关系。记录物体的点位尽量精确。

（3）标定时如果不能结束标定，点击【跟踪位置修正】，再返回标定界面，重新做标定即可结束。

（4）运行程序时实际物体 Y、Z 方向位置必须和标定时 Y、Z 位置几乎一致（只有传输带 X 方向有差异）。

（5）编码器的安装一定要和传输带的滚筒同轴，且不能出现打滑现象。

（6）在做跟踪标定时不能带用户或者工具坐标。

（7）跟踪抓取编程时，一定要把 GP50 或者 GP51 中的一个变量的 Z 轴正方向加一点起来，且顺序不能乱，顺序如程序举例中的一样，这样防止碰撞物体。

（8）机器人定位精度尽量高，定位精度不高也会影响跟踪。每次运行到 IO 触发位置，系统将清除记录编码器值的缓冲区,重新记录触发点的编码器值。也就是说,如果这次由于编码器相关方面出现问题造成跟不准;只要下次编码器方面没问题,那么下次就能跟准。

(9) 在需要调整传输带速度的时候,请在标定后设定好跟踪位置修正曲线。

(10) 当需要调整传输带速度时,请在机器人没有跟踪时调速,等速度平稳后再放入物体。

(11) 调整传输带速度后,跟踪位置可能需要再次修调。

(12) 跟踪过程中,跟踪位置越差越多。原因:编码器传输带比例关系不合理。可以通过微量修调跟踪比例修调值,重新标定 A、B 点。

(13) 跟踪中,机器人追不上物体,或者启动时有冲击声。原因:跟踪加速度不合理。处理:追不上物体,减小跟踪加速度值;有冲击声,加大跟踪加速度值。

(14) 跟踪中,跟踪位置都差一个距离。原因:标定 A、B 点时精度不够。可以通过以下调整:调整 GETTRACKDATA 中的 X、Y、Z 值;调整工艺参数中的跟踪位置点补偿 X、Y、Z 方向;重新标定 A、B 点。

(15) Z 方向跟踪时,IO 有效后,程序直接退出。处理:重新记录参考点。

(16) 跟踪中报警:跟踪错误,跟踪误差过大。原因:编码器数据波动太大。处理:检查编码器是否打滑;检查传输带速度是否突变;检查相关线路是否异常。线路长,则加大线径,采用就近供电。

(17) 程序运行到 RUNIOCUTIN 停止。原因:线程卡死。处理:检查跟踪工艺中是否哪个工艺功能设置为 2 或 3,修改为其他功能。

(18) 跟踪中,抓取位置不稳定。传输带不稳定,造成编码器波动,请检查传输带;编码器打滑,请检查机械连接;线缆太长,请加大线径,就近供电,并使用差分编码和双绞屏蔽线连接;机器人精度不够,请调整机器人;伺服参数不合理,请调整伺服参数;如果带视觉,还需要检查视觉标定是否准确;调整跟踪工艺中精度修调参数。

(19) 跟踪中报警:传输带爬行。传输带爬行停止时间超过 300 ms,系统就报警传输带爬行。需要调整传输带,让速度均匀。

项目 8 工业机器人视觉应用

视觉功能是指通过机器人视觉(二维视觉)系统对平面上的物品进行定位,然后输出 x、y 和 θ 给机器人,引导机器人定位,实现相应的功能。本系统的视觉功能可实现三种不同的应用情况:物品固定情况下,视场在机器人的工作区域;物品运动情况下,视场在机器人的工作区域;物品运动情况下,视场不在机器人的工作区域。

注意:机器人应用视觉功能时,其自身必须有良好的定位精度;否则有可能出现定位不准确的情况,从而造成设备异常、机器故障。

8.1 基本情况说明

8.1.1 基本概念

视觉系统:包含相机、数据处理系统等。
视场:视觉系统需要识别的区域。通常同等像素视场越大,精度越低。
像素:相机的精度单位。像素越大,在同等视场情况,识别精度越高。
像素距离比:每个像素对应的物理尺寸,通常 X、Y 方向分别会有像素距离比参数。
视觉坐标系:视觉系统的坐标系,相机一旦固定好后视觉坐标系就固定了,反之一旦相机产生了移动,就必须得重新校准视觉坐标系。
标定:用一种方法来校准。

8.1.2 视觉系统工作思路

视觉系统工作思路:需要建立场景,场景中包含需要识别的模型、模型中的基准点、数据输出格式等相关内容。视觉系统中要设定一个坐标系来与机器人坐标系关联。

南大机器人系统视觉工作思路:南大机器人系统通过一种方式触发视觉系统中设定的场景工作,然后获取视觉系统返回的数据,将返回数据处理后,让机器人实际运行。最后一个数据的结尾需要增加一个回车(分隔符)作为数据的结束。南大机器人系统需要通过一个用户坐标系来建立视觉坐标与机器人坐标之间的关联。

8.1.3 视觉参数详细说明

8.1.3.1 视觉第一级界面:视觉文件号

点击【用户工艺】→【其他工艺】→【视觉】→【确认】,弹出视觉工艺文件号界面如图 8-1 所示。

视觉文件号,表示一款相机所设定相关参数及工艺的一个组合编号。在使用该相机时,程序中调用的视觉指令后的号码必须对应本工艺文件号,否则视觉将无法正常工作。如:RUNVISON#(0),其中 0 即为视觉文件号。

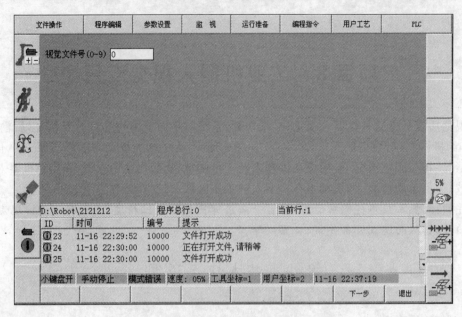

图 8-1 视觉工艺文件号界面

在图 8-1 所示界面输入正确的"视觉文件号"后(范围 0~9),点击【下一步】,进入视觉第二级界面。如果不想设置,直接点击【退出】按钮,保存当前设置参数后退出界面。

8.1.3.2 视觉第二级界面:视觉配置参数

在上一级界面输入视觉文件号后,点击【下一步】,进入视觉第二级参数设置界面,如图 8-2 所示。

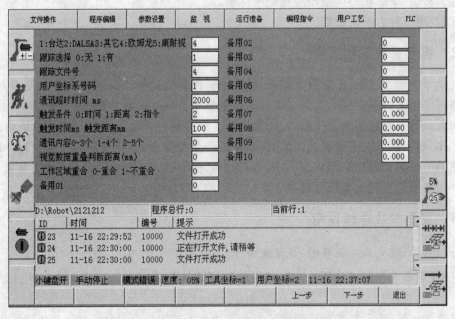

图 8-2 视觉第二级参数设置界面

在本界面中需要准确设定各项参数,具体参数内容如下:
(1) 视觉厂家
本参数需设定视觉系统厂家代码,见表 8-1。

表 8-1 视觉系统厂家代码表

视觉厂家	对应代码	视觉厂家	对应代码
台达	1	DALSA	2
其他	3	欧姆龙	4
康耐视	5		

视觉系统与南大机器人系统连接成功后,接收数据为 0。接收数据成功,系统信息提示栏将显示收到的具体数据。

I/O 口通讯方式,选择 4(欧姆龙)进行通讯。触发 Y 口就是对应视觉号码。
(2) 跟踪选择
0:无视觉系统不适用跟踪功能,定点抓取。
1:有视觉系统适用跟踪功能,传输带运动中抓取物体。
本参数设定,在使用本视觉系统时,是否使用跟踪功能。如果使用跟踪,那么视觉系统发送的数据将存储在跟踪缓冲区中,使用 GETVISONDATA 指令后,使用位置变量时需要调用 GP50 或 GP51。如果不使用跟踪,那么视觉系统发送的数据将存储在视觉缓冲区中,使用 GETVISONDATA 指令后,使用位置变量时需要调用 GP52 或 GP53。
(3) 跟踪文件号
跟踪文件号为相关跟踪参数组合的编号。如果用户需要使用跟踪功能,必须先设置好对应编号的跟踪参数并调试好,再到当前位置设定该跟踪文件号。
如果跟踪选择中设置为 0,则本参数不用设置。
(4) 用户坐标系号码
机器人系统和视觉系统之间有对应关系,这个关系用用户坐标系来表示。该坐标系通过视觉系统和机器人系统标定来建立。该坐标系的号码,在本参数中设置。在视觉第三级参数中可以通过相应按键打开。
(5) 通讯超时时间(ms)
本参数设定,系统执行 TRIGGERVISON 触发指令到 GETVISONDATA 得到视觉数据之间的时间间隔。在该时间段内得到数据,系统将继续工作;当超过该时间范围,没有得到视觉数据时,系统将提示:"通讯超时"。
(6) 触发条件
本系统支持三种触发方式,即时间、距离、指令。在具体使用中请选择适合的触发方式。
0:时间触发,选择本方式,系统不需要运行 TRIGGERVISON 指令,按照下一条参数设定的触发时间,每次时间到就触发一次。本方式主要用于运行速度较快的场合。触发的时间间隔不能小于视觉系统的处理时间。
1:距离触发,选择本方式,系统不需要运行 TRIGGERVISON 指令,按照下一条参数设定的触发距离,每一段该距离结束就触发一次。本方式主要用于运行速度较快的场合。距离间隔所用时间不能小于视觉系统的处理时间。

2：指令触发，选择本方式，系统只有在程序行使用 TRIGGERVISON 触发指令时，才触发一次相机拍照。而选择 0 或 1 时，则不需要本指令。本方式主要用于机器人主动拍照的场合。

(7) 触发时间(ms)　触发距离(mm)

用于设置触发条件中选择的时间或距离的具体间隔。触发时间：当触发条件为时间时，本参数设置触发的时间间隔，系统将在每一次间隔时间结束时，触发一次相机拍照。

触发距离：当触发条件为距离时，本参数设置触发的距离间隔，系统将在每一次间隔距离结束时，触发一次相机拍照。

(8) 通讯内容

本参数设置系统与相机通讯时，系统需要接受的数据个数，不同的数据个数，通讯内容也将不同，见表 8-2。通讯数据中，捕捉点数量不计入数据个数。

表 8-2　通讯内容

参数内容	数据个数	数据内容及格式
0	3	捕捉点数量[空格]x 坐标[空格]y 坐标[空格]角度[回车]
1	4	捕捉点数量[空格]标志[空格]x 坐标[空格]y 坐标[空格]角度[回车]
2	5	捕捉点数量[空格]标志 1[空格]标志 2[空格]x 坐标[空格]y 坐标[空格]角度[回车]

(9) 视觉数据重叠判断距离(mm)

视觉捕捉点之间的间隔小于本参数时，系统将认为物体重叠，舍弃该重叠数据；当大于本参数时，系统认为数据正常，将该数据存入缓冲区。本参数需要设定为大于工件外形尺寸的数据。当发现物体被重复抓取时，请合理设置该数值。

(10) 工作区域重合

0：重合，指机器人的工作区域可以完全覆盖视觉的视场区域。

1：不重合，由于某些原因，视觉的视场区无法与机器人的工作区域重合，此时就需要通过编码器将两个工作区域关联起来。

当本参数设置为 1 时，在下一级工艺参数界面将会显示【视觉侧编码器值】和【机器人侧编码器】按钮，用于关联两个区域。工作区域不重合主要表现在使用传输带的场合。

(11) 备用 01

系统备用参数，不使用，请勿输入。

在图 8-2 所示界面输入相应参数后，若点击【下一步】，则进入视觉第三级界面；若点击【上一步】，则返回视觉文件号输入界面；若点击【退出】，则保存当前设置参数后退出界面。

8.1.3.3　视觉第三级界面：调试参数

视觉第三级界面如图 8-3 所示。

视觉第三级界面具体内容介绍如下：

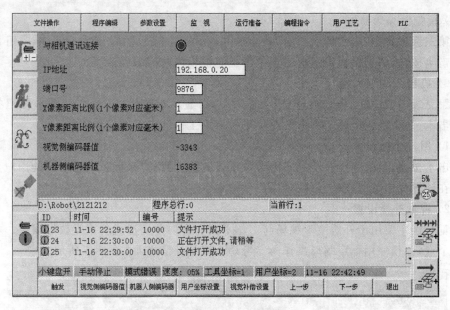

图 8-3 视觉第三级界面

(1) 与相机通讯连接

可使用【触发】按键,切换与相机的通讯连接和断开。当连接时,"与相机通讯连接"指示灯显示为绿色;当未连接时,指示灯为红色。

(2) IP 地址

该地址为视觉系统 IP 地址,必须与视觉系统的 IP 地址设置为一样,否则无法连接。

(3) 端口号

该端口号为视觉系统的端口号,必须与视觉系统的端口号设置为一样,否则无法连接。

(4) X 像素距离比例(1 个像素对应毫米)

X 方向,像素与实际距离的比例。像素距离的比例关系应尽量准确,这个影响很大,尽量输到小数点后面 5 位。

(5) Y 像素距离比例(1 个像素对应毫米)

Y 方向,像素与实际距离的比例。像素距离的比例关系应尽量准确,这个影响很大,尽量输到小数点后面 5 位。

(6) 视觉侧编码器值

通过按子菜单区【视觉侧编码器值】键,记录标定图形二,在位于视觉视场内时的编码器值。

(7) 机器侧编码器值

通过按子菜单区【机器人侧编码器】键,记录标定图形二,在位于机器人工作区内时的编码器值。

(8) 触发

点击【触发】按钮,系统将自动与相机建立连接("与相机通讯连接"指示灯变为绿色),并触发相机拍照,同时将相机通讯到系统的数据显示到信息提示栏中。

再次点击【触发】按钮,系统断开与相机的连接。再次点击又建立连接,如此循环。

(9) 视觉侧编码器值

当第三级参数中"工作区域重合"设置为 1 时,显示本按钮;设置为 0,则本按钮将不显示。点击本按钮,将记录标定图形二在位于视觉视场内时的编码器值。

(10) 机器人侧编码器

当第三级参数中"工作区域重合"设置为 1 时,显示本按钮;设置为 0,则本按钮将不显示。点击本按钮,将记录标定图形二在位于机器人工作区内时的编码器值。

(11) 用户坐标设置

点击本按钮,将打开在视觉第三级参数中设置的,与用户坐标系号码对应的用户坐标系界面。在该界面中可以校验、修改该用户坐标系。

(12) 视觉补偿设置

视觉补偿主要用于补偿由于视场与工作平面存在误差而造成的视觉数据误差。本补偿需要 9 个点,建议使用标定图形二作为参考物。视觉补偿界面如图 8-4 所示。

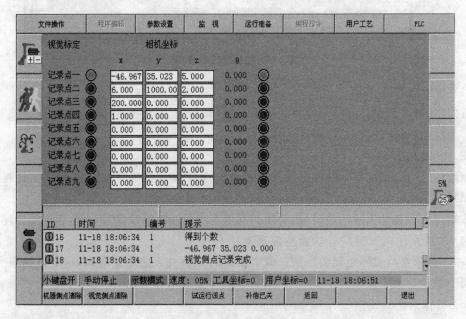

图 8-4 视觉补偿界面

具体补偿操作方法如下:

① 将机器人移出视场。

② 在视觉补偿界面将光标移动到记录点一后的输入框中,将标定图形二按照视觉中设置的用户坐标系对应摆放到位(1 号参考点对齐 ORG,3 和 7 点对齐 x 和 y 方向)。

③ 将标定图形中除 1 号参考点外的其他 8 个点遮挡住。

④ 点击【视觉侧点记录】按钮,此时记录点一后的 x、y、θ 将显示数据,同时 θ 后的红点变为绿点。1 号参考点的视觉坐标记录完成。

⑤ 将机器人标定杆末端移动到 1 号参考点中心。点击【机器侧点记录】,此时紧靠记录点一后的,红点变为绿色。1 号参考点的机器人坐标记录完成。

⑥ 将机器人移出视场。

⑦ 将 2 号参考点外的其他 8 个点遮挡住。

⑧ 点击【视觉侧点记录】按钮,此时记录点二后的 x、y、θ 将显示数据,同时 θ 后的红点变为绿点。2 号参考点的视觉坐标记录完成。

⑨ 将机器人标定杆末端移动到 2 号参考点中心。点击【机器侧点记录】,此时紧靠记录点二后的红点变为绿色。2 号参考点的机器人坐标记录完成。

⑩ 重复⑥~⑨步骤,完成所有 1~9 号参考点的记录。

⑪ 点击【补偿已关】按钮,该按钮变为【补偿已开】,此时视觉补偿设置完成。

标定图形二的 1、3、7 号参考点一定要与视觉系统中调用的用户坐标重合。

只有所有点记录完成,才能将【补偿已关】按钮切换为【补偿已开】。

记录的过程中,按住安全开关可以使用【试运行该点】功能,试运行机器到当前光标所在点记录的机器人位置。

视觉补偿记录完成后,可以点击【返回】按钮,返回到视觉第三级界面,也可按【退出】键,直接退出视觉设置。

以上界面参数设定完成后,点击【上一步】按钮,返回视觉第二级界面;点击【下一步】按钮,进入视觉第四级界面;点击【退出】保存当前设置参数后退出界面。

8.1.3.4 视觉第四级界面:测试参数

视觉第四级界面,主要用于记录参考点、旋转方向及校验相关设置,界面如图 8-5 所示。

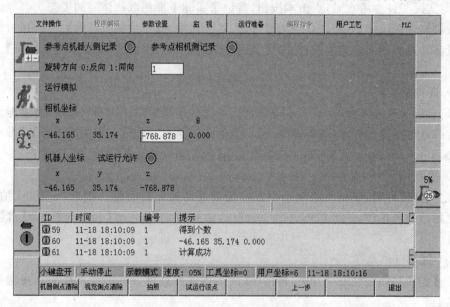

图 8-5 视觉第四级界面

具体各项内容介绍如下:

(1) 参考点机器人侧记录

标定实际工件参考点时,实际手抓取物体时姿态的记录状态,红灯表示未记录,绿灯表示已记录。可以通过点击子菜单【机器侧点记录】记录。当该状态已经被记录,变为绿灯时,下方的【机器侧点记录】将变为【机器侧点清除】。

(2) 参考点相机侧记录

标定实际工件参考点时,工件在视场中摆放姿态的记录状态,红灯表示未记录,绿灯表示已记录。可以通过点击子菜单【视觉侧点记录】记录。当该状态已经被记录,变为绿灯时,下方的【视觉侧点记录】将变为【视觉侧点清除】。

(3) 旋转方向

标定实际工件时,如果手抓的旋转方向与工件相反,则修改本参数。

(4) 相机坐标

该坐标为相机拍照后发送给系统的坐标数据(不含 z 轴数据)。其中 z 轴零点为建立用户坐标系时定义的 z 轴零点。在 z 轴输入框中输入数据,再拍照,则拍照后计算出的机器人 z 轴坐标,为机器人大地坐标减前面所输入的 z 轴数据后得到的数据。主要用于试运行到该点时,防止碰撞到标定图形。

(5) 机器人坐标

该坐标数据为,相机得到的视觉数据乘以像素距离比,再通过之前建立的用户坐标系,折算出来的机器人大地坐标数据,也就是机器人抓取工件时需要到达的位置。

(6) 试运行允许

当点击子菜单区的【拍照】键后,则【试运行允许】后面的红灯变为绿灯,此时可以使用【试运行该点】按钮,使机器人向拍照基准移动。

(7) 机器侧点记录

标定实际工件参考点时,点击本按钮,将记录实际手抓抓取物体时的姿态。当界面中的【参考点机器人侧记录】后的红灯变为绿灯时,本按钮变为【机器侧点清除】。点击【机器侧点清除】,【参考点机器人侧记录】后的绿灯变为红灯,同时按钮也变为【机器侧点记录】。如此循环。

(8) 视觉侧点记录

标定实际工件参考点时,点击本按钮将记录工件的摆放角度。当界面中的【参考点相机记录】后的红灯变为绿灯时,本按钮变为【视觉侧点清除】。点击【视觉侧点清除】,【参考点相机侧记录】后的绿灯变为红灯,同时按钮也变为【视觉侧点记录】。如此循环。

(9) 拍照

标定实际工件时,在相机系统中设置好场景并切换到自动运行状态后,点击【拍照】按钮,系统触发相机拍照,并将相机识别的数据传输到系统,显示到【相机坐标】和【机器人坐标】下方。

(10) 试运行该点

点击【拍照】后,按住安全开关,再按住【试运行该点】,可以将机器人移动到视觉拍照物体的识别点上。

(11) 数据刷新

该按钮只有在视觉参数第二级界面中【工作区域重合】设置为 1 时,才会显示。当视场和机器人工作区域不重合时,需要将拍照的物体先放在视场拍照(识别物体获得物体数据,同时记录传输带位置);然后再移动到机器人工作区域定点,在移动的过程中需要使用编码器准确记录移动值。而【数据刷新】的功能就是,当物体移动到机器人工作区域时,点击本按钮,系统将读取编码器当前位置和之前视场中记录的编码器值,并将视场中视觉识别的数据换算到当前工作区域内,以便于机器人运行到该点进行后续动作。

点击【上一步】按钮返回上一级界面,点击【退出】保存当前设置参数后退出界面。

8.2 视觉标定

8.2.1 准备工作

机器人安装：安装机器人时其底座必须安装水平或垂直。

取料平台安装：取料平台安装必须确保其安装牢固。取料平台平面必须平整，且保持水平。

相机安装：相机安装时必须确保其安装牢固，位置不会轻易产生移动，即使机器人运动也不能影响到相机的位置。要求相机安装与视场垂直。调整相机，使视场内任意位置识别的物体大小一致。

注意：在相机安装时，相机的安装面最好与取料平台的一条边有平行或垂直的关系。

制作标定平板：制作一块标定平板，要求其表面很平整，方便粘贴标定图形。平板大小不小于视场。

制作标定杆：制作一根标定杆，远离机器人端部尖形，装在机器人的末端轴法兰上。

注意：标定杆在安装好后要求与机器人的末端轴同心，单独旋转机器人的末端轴时其圆跳动要求不大于 0.2 mm。

制作标定图形：按图 8-6 所示形状，根据实际比例打印图纸。纸张大小大于或等于视场。

 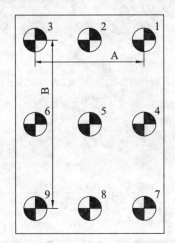

图 8-6　标定图形一和标定图形二

标定图形二中 9 个图标点须均匀分布。在打印时，A、B 尺寸不需要打出来，打印之前在图上确认好尺寸，然后按 1∶1 打印即可，为 A4 纸大小图样，可以直接使用。

8.2.2 相机调试

南大机器人控制系统与相机通讯的连接采用以太网的方式。

（1）其连接须用对等网线（在不采用交换机的情况下与视觉系统一对一连接）。

（2）南大机器人系统用户工艺界面，需要选择正确的连接类型，设置正确 IP 地址和端口（与视觉系统设置一致），详见下面说明。

(3) 视觉系统的连接参数必须按照以下说明设置。

(4) 需要正确设置视觉程序。

南大机器人系统出厂 IP 设置为 192.168.0.100,子网掩码设置为 255.255.255.0,网关为 192.168.0.1。其他为空白,不需要设置。

视觉系统与南大机器人系统连接时:

对等网连接:IP 地址必须设置为 192.168.0.××,其中××可以为 1~99 的任意数字。子关掩码设置为 255.255.255.0。端口号设置为 9876。其他不需要设置。

局域网连接:IP 地址必须设置为 192.168.0.××,其中××可以为 1~99 的任意数字。子关掩码设置为 255.255.255.0。网关为 192.168.0.1。端口号设置为 9876。其他不需要设置。

视觉系统的 IP 地址和南大机器人系统的 IP 地址前三位必须相同,如 192.168.0.×。端口号必须一致,如 9876。

8.2.3 机器人系统视觉参数设置

本例按照欧姆龙 FZ4 视觉设置。

点击【用户工艺】→【其他工艺】→【视觉】→【确认】,弹出如图 8-7 所示界面。

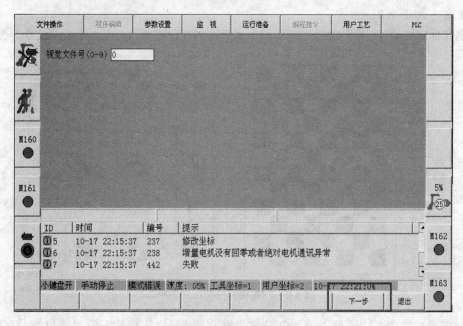

图 8-7 视觉设置界面

在图 8-7 所示界面中点击【下一步】,弹出如图 8-8 所示界面。

在图 8-8 所示界面中设置视觉类型及下面相关参数,点击【下一步】进入下级界面,如图 8-9 所示。IP 地址和端口号必须和视觉系统一致。

正确固定好相机位置,连接相关线缆,开启视觉系统电源。下面以欧姆龙 FZ4 视觉系统为例说明机器人视觉系统参数设定方法,其他视觉系统设定内容大同小异,都需要设置通讯协议、IP 地址、子网掩码地址、端口、视觉程序等。

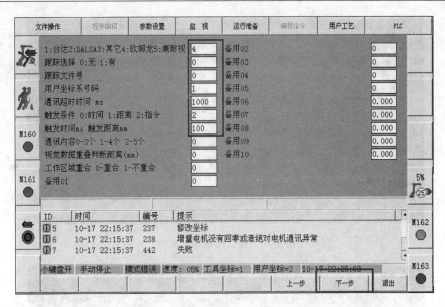

图 8-8 点击【下一步】

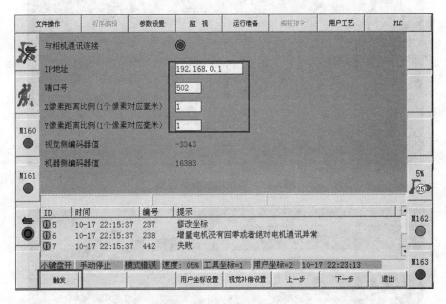

图 8-9 IP 地址设置

在视觉控制系统软件中,点击【系统】→【控制器】→【启动设定】,弹出如图 8-10 所示界面。

在弹出的启动设定中,选择【通信模块】,通信模块参数设置如图 8-11 所示。

点击【确定】,在视觉系统软件中,点击【系统】→【通信】→【Ethernet:无协议(TCP)】,弹出如图 8-12 所示界面。

以太网需要按图 8-12 所示设定 IP 地址(192.168.0.20)和子网掩码(255.255.255.0),【输入/出端口号】设为:9876。设置完成后点击【确定】。

视觉参数设定完成。

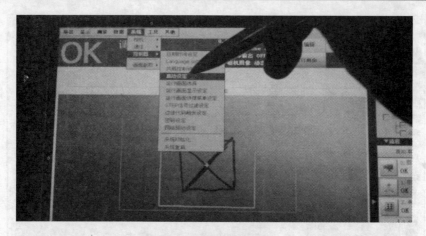

图 8-10 视觉控制系统软件

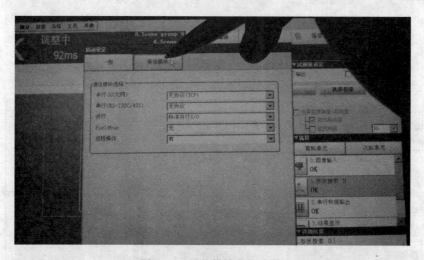

图 8-11 通信模块参数设置

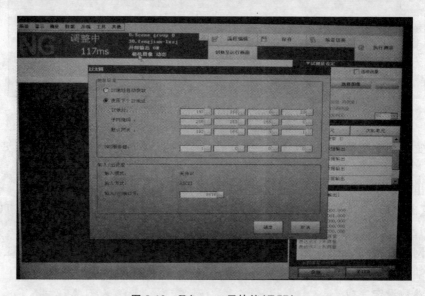

图 8-12 Ethernet：无协议(TCP)

8.2.4 视觉系统通信设置

以欧姆龙 FZ4 视觉系统举例,具体操作请参考欧姆龙视觉系统说明书。在主界面(图 8-13)中点击【流程编辑】,弹出如图 8-14 所示界面。FZ4 工作场景中主要有三个流程:图像输入、形状搜索、串行数据输出。

图 8-13 主界面

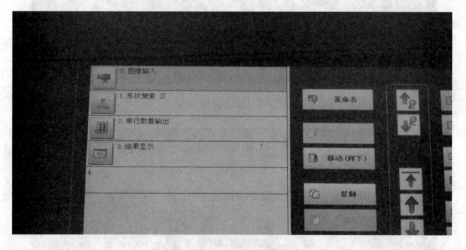

图 8-14 流程编辑界面

将多余的选项删除,留下图像输入、形状搜索Ⅱ、串行数据输出。选中需要修改的项目,按【设定】键,修改项目内容,如图 8-15 和图 8-16 所示。

串行数据输出,需要设置输出数据,内容如图 8-17 所示。点击下方表达式输入框后的按钮图标可以弹出界面编辑表达式。

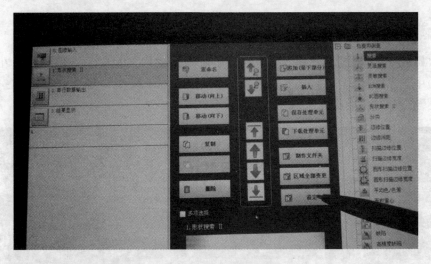

图 8-15 流程参数设定

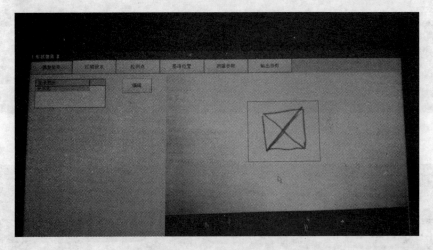

图 8-16 形状搜索参数

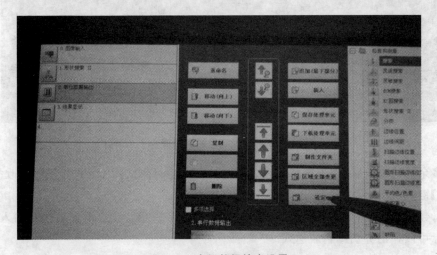

图 8-17 串行数据输出设置

注意：改变视觉 X、Y 数据的位置，可以改变坐标系的方向。如通信数据个数设置为 0，有三个有效数据时，系统将收到四个具体数据，第一个为数据个数，第二、三个为 X 和 Y 轴数据，第四个为角度数据。这些数据将放置到相关变量中。

数据个数放到 GI50 或 GI52 中。第二、三、四个数据放到 GP50 和 GP51，或者 GP52 和 GP53 中。其中第二个数据赋值 GP 中的 X 值，第三个数据赋值 GP 中的 Y 值，第四个数据赋值 GP 中的角度值。

将视觉的 Y 值放在第二个位置，则该数据就赋给 GP 中的 X 值了。将视觉的 X 值放在第三个位置，则该数据就赋给 GP 中的 Y 值了。以此来改变坐标系的方向。

在编辑"串行数据输出"时，一个串行数据必须包含一个或两个模型数据的完整数据结构。如：U1.C U1.X U1.Y U1.TH U1.X01 U1.Y01 U1.TH01，该串行数据表达式包含两个完整的数据结构；U1.C U1.X U1.Y U1.TH U1.X01 U1.Y01，该串行数据表达式缺少 U1.TH01，如图 8-18 所示。

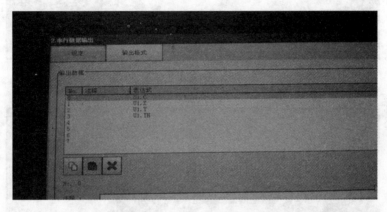

图 8-18　编辑串行数据输出

表达式设定不完整会造成数据传输错误。"串行数据输出"需要设定输出格式。随后一个"串行数据输出"的"记录分隔符"必须设置为"分隔符"，否则系统提示："数据错误，请用回车作为数据结束"，如图 8-19 所示。

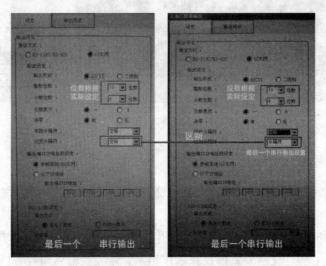

图 8-19　"记录分隔符"设置

设置完成后点击【关闭】,返回主界面,也可点击【切换至运行画面】,切换到运行画面,如图 8-20 所示。运行结果见图 8-21。

图 8-20　切换至运行画面

图 8-21　运行结果

8.2.5　机器人系统通信设置

点击机器人系统视觉工艺界面中的【触发】按键,如图 8-22 所示,弹出如图 8-23 所示界面。

触发后,界面中"与相机通讯连接"后面的⬤变为绿灯,同时在信息提示栏中将显示得到的通讯数据。如果点击【触发】,信息提示区提示:"触发失败",请检查以下各项:

项目8 工业机器人视觉应用

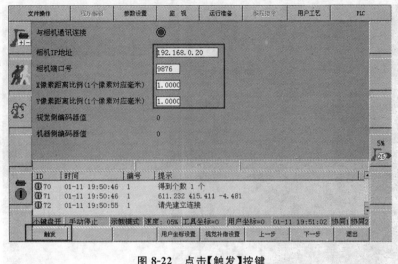

图 8-22 点击【触发】按键

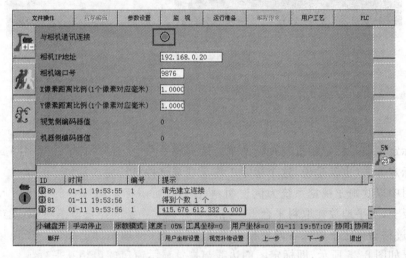

图 8-23 触发结果

视觉系统 IP 地址和端口号与南大机器人系统视觉界面中设置的 IP 地址和端口号是否一致；系统 IP 地址设置是否在同一 IP 地址段。

网线是否为对等网线，如果不是对等网线，是否经过交换机。本说明书介绍应采用对等网线连接。

如果还不行，那么可以用 PING 的方式先检查网络是否通畅，然后用"网络调试助手"软件检查是否连接成功。

转到相机控制软件界面，在屏幕右方点击【串行数据输出】，在屏幕右下方将显示触发数据，如图 8-24 所示。

核对系统得到的数据和相机控制器显示数据是否一致，一致就行了。如果没有数据，则请按照以上步骤仔细核对设置是否正确。如果数据不一致，请检查南大机器人视觉工艺界面的像素距离比例是否为1。

相机连接完成后也可使用"网络助手"软件，选择 16 进制输入，ASCII 显示，输入命令：4D0D（欧姆龙 FZ4），经过以上步骤，相机连接完成。

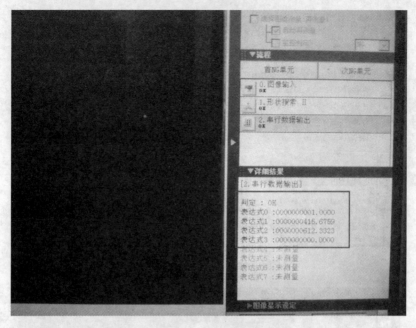

图 8-24 触发数据

8.3 相机标定

相机标定主要是标定相机与视场的平行度和镜头变化,这个工作根据不同的视觉系统有不同的标定方法(也就是说,这个标定工作是视觉软件自行完成的)。

本说明中以欧姆龙视觉系统为例说明:将图 8-6 所示标定图像一的标定图形平整地贴在标定平板上,水平地放在取料平台上。此时打开视觉系统的连续取图功能,观察监视器上的图形,通过移动标定平板或者调整相机的角度,使图 8-6 所示标定图像一在视觉显示窗口的显示情况如图 8-25 所示,即标定图的边线与视觉显示窗口的边相互平行。

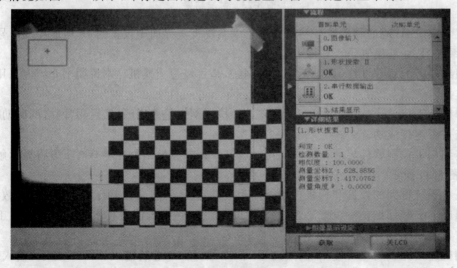

图 8-25 标定图的边线与视觉显示窗口的边相互平行

8.4 建立相机与机器人之间的坐标关系

8.4.1 校准视觉坐标系

校准视觉坐标系是找出视觉坐标系的坐标方向及原点。以下以欧姆龙 FZ4 视觉系统为例进行说明。

(1) 将图 8-6 所示标定图像二平整贴在标定平板上,视觉建模可识别图标如图 8-26 所示。

图 8-26　视觉建模可识别图标

(2) 分别对图标 1、3、7 进行拍照,得到其像素坐标,由此分析出视觉坐标系的 X、Y 方向。

由图 8-27、图 8-28、图 8-29 可知,图标 1 的 X 坐标为 628.569,Y 坐标为 407.426;图标 3 的 X 坐标为 626.371,Y 坐标为 883.412;图标 7 的 X 坐标为 1336.322,Y 坐标为 411.262,由此可得到由图标 1 向图标 7 方向为 X 方向,由图标 1 向图标 3 方向为 Y 方向,如图 8-30 所示。

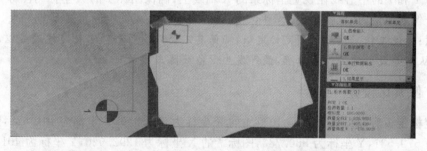

图 8-27　图标 1 拍照图(X 坐标 628.569,Y 坐标 407.426)

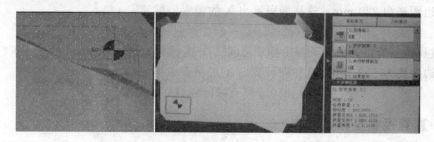

图 8-28　图标 3 拍照图(X 坐标 626.371,Y 坐标 883.412)

图 8-29　图标 7 拍照图(X 坐标 1336.322,Y 坐标 411.262)

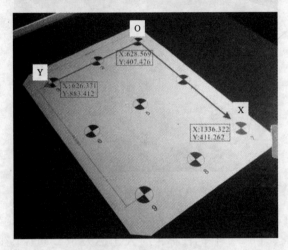

图 8-30　得出的 X、Y 方向

(3) 调整标定平板,确保图标 1 的 Y 坐标与图标 7 的 Y 坐标在 1 个像素单位内,也就是要让图标 1 和 7 的中心线在视觉坐标系的 X 轴线上;确保图标 1 的 X 坐标与图标 3 的 X 坐标在 1 个像素单位内,也就是要让图标 1 和 3 的中心线在视觉坐标系的 Y 轴线上。

注意:上述工作完成后须固定标定板,确保其不会产生位移。否则可能造成以后的标定不准确,从而导致视觉定位不准确,最终发生设备故障或事故。

8.4.2　像素比设置

固定标定板后测得如下数据:图标 1 的 X 坐标为 580.856,Y 坐标为 401.628,图标 3 的 X 坐标为 579.531,Y 坐标为 880.783,图标 7 的 X 坐标为 1292.920,Y 坐标为 401.986。

通过视觉系统得到图标 1 与图标 7 之间的 X 坐标的像素坐标单位,同时已知它们之间的距离(边距离为 220 mm),这样即可算出 X 的像素坐标比:
$$220 \div (1292.920 - 580.856) = 0.308961$$

通过视觉系统得到图标 1 与图标 3 之间的 Y 坐标的像素坐标单位,同时已知它们之间的距离(边距离为 150 mm),这样即可算出 Y 的像素坐标比:
$$150 \div (880.783 - 401.628) = 0.313051$$

8.4.3　重置视觉坐标系零点

通常视觉坐标系有自己初始的零点,但为了方便与机器人进行标定,需要将视觉坐标

系统的零点定在图标1的中心。这个步骤根据不同的视觉系统(即视觉自身功能)而定,如下面步骤为欧姆龙视觉系统的操作方法:

(1) 首先点击视觉系统【切换至调整界面】,点击屏幕右上角的【执行测量】,得到一组数据,在屏幕的右侧显示,如图8-31(a)所示。

(2) 然后点击【流程编辑】,在弹出界面选择【串行数据输出】,点【设定】,在弹出的窗口中选择 U1.X 或 U1.Y,在屏幕下方会显示相应测量数据,如图 8-31(b)所示。

 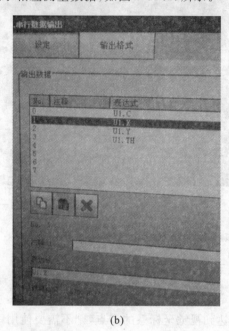

(a)　　　　　　　　　　　　　　(b)

图 8-31　相应测量数据

(3) 点击 U1.X 和 U1.Y,再点击下方表达式输入框后的按钮图标,弹出表达式编辑界面。在现有内容的基础上输入－×××(×××为下方显示数据),如图 8-32 所示。

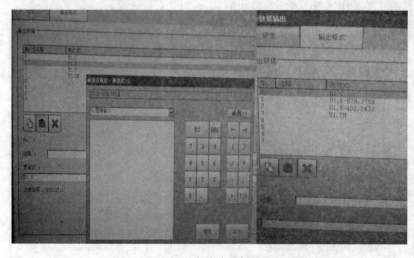

图 8-32　表达式编辑界面

(4) 返回调整界面,点击右上角【执行测量】,查看右侧详细结果里面的数据是否已经变为小于 1 的数。再点击【切换至运行画面】,切换到运行画面。

(5) 进入机器人系统视觉工艺界面,点击【触发】按钮,查看信息提示栏显示的数据是否与视觉系统数据一致,如图 8-33 所示。

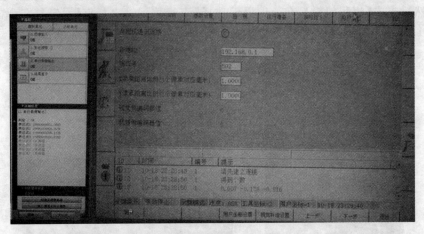

图 8-33 数据一致

说明:该操作方法根据视觉厂家的不同,操作也不同,请参考各视觉系统说明。

8.4.4 建立用户坐标系

如果标定杆无法达到视觉坐标系的零点位置,可使用跟踪功能来建立用户坐标系。如果标定杆能达到视觉坐标系的零点,则不需要使用跟踪。

8.4.4.1 采用跟踪功能建立用户坐标的方法

(1) 首先,如图 8-6 所示标定图像二的标定图固定在传送装置上时,点击【用户工艺】→【其他功能】→【视觉】→【确认】→【下一步】,弹出图 8-34 所示界面,在该界面中将"跟踪选择"参数设置为 1,"工作区域重合"参数设置为 1,点击【下一步】。

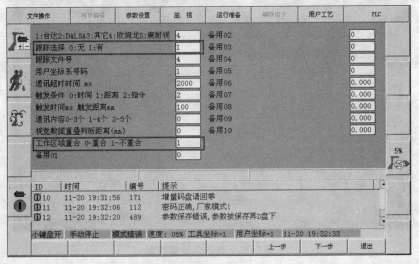

图 8-34 参数设置

(2) 在弹出的界面中,点击【视觉侧编码器值】,此时在信息提示区中将显示记录的视觉侧编码器值。同时界面中"视觉侧编码器值"后面将显示该记录数据,如果没有显示,请退出再次进入,刷新一下,如图 8-35 所示。

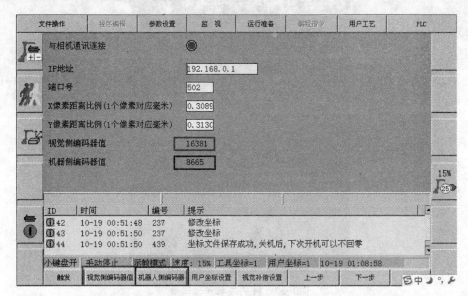

图 8-35 编码器值设置

(3) 开启传输带,将图 8-6 所示标定图形二传送到标定杆方便到达的区域,如图 8-36 所示。

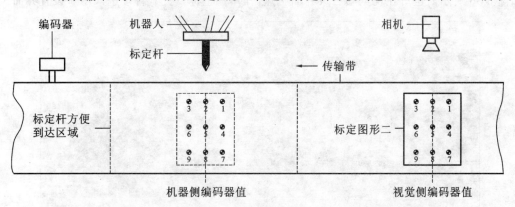

图 8-36 跟踪视觉示意图

(4) 然后点击【机器人侧编码器】,当前编码器值被记录到系统,此时在信息提示区中将显示记录机器人侧编码器值。同时界面中"机器人侧编码器值"后面将显示该记录数据,如果没有显示,请退出再次进入,刷新一下。

(5) 其后步骤与直接建立用户坐标的方法相同。

8.4.4.2 直接建立用户坐标的方法

操作机器人建立用户坐标系。校准用户坐标系的原点以及 X、Y 坐标轴的方向,要使之与视觉系统完全重合,即图标 1 的中心定义为原点,图标 1 向图标 7 的方向定义为 X 方向,图标 1 向图标 3 的方向定义为 Y 方向。具体操作步骤如下:

(1) 首先将标定杆安装在机器人末端上,并确保杆尖处与末轴同心,如图 8-37 所示。

图 8-37　杆尖处与末轴同心

(2) 操作机器人示教器,点击【运行准备】→【用户坐标设置】,弹出用户坐标设置界面,如图 8-38 所示。也可在视觉第三级界面中点击【用户坐标设置】,直接进入用户设置界面。

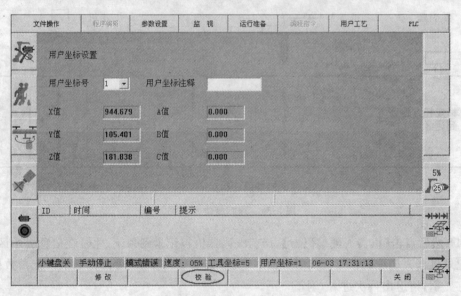

图 8-38　用户坐标设置界面

(3) 选择视觉界面中设置的用户坐标号,后点【校验】进入用户坐标校验界面,如图 8-39 所示。

(4) 在图 8-39 所示界面中,选中"ORG"点,将标定杆的尖点移动到图标 1 的中心,如图 8-40 所示,之后按【记录当前点】记录用户坐标的原点。

项目 8　工业机器人视觉应用

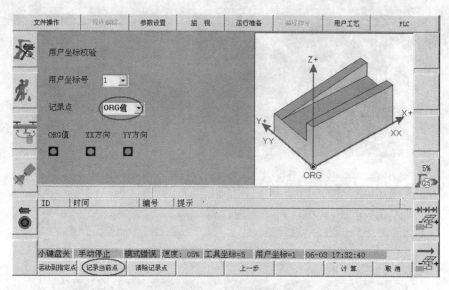

图 8-39　用户坐标校验界面

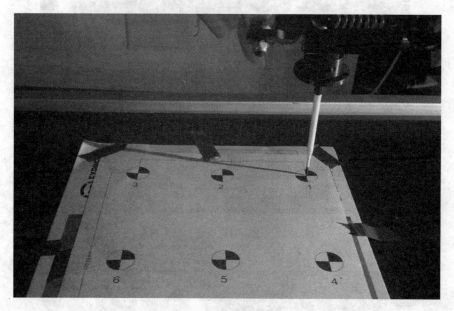

图 8-40　记录用户坐标的原点

（5）选择"XX方向"确定 X 边,如图 8-41 所示。

在图 8-41 所示界面中,将标定杆的尖点移动到图标 7 的中心,如图 8-42 所示,之后按【记录当前点】记录用户坐标的 XX 方向。

（6）选择"YY方向"确定 Y 边,如图 8-43 所示。

在图 8-43 所示界面中,将标定杆的尖点移动到图标 3 的中心,如图 8-44 所示,之后按【记录当前点】记录用户坐标的 YY 方向。

（7）在确定好原点、XX 方向、YY 方向后,在图 8-45 所示界面按【计算】键,系统自动完成当前用户坐标的计算,确定了在托盘上的坐标系及方向。

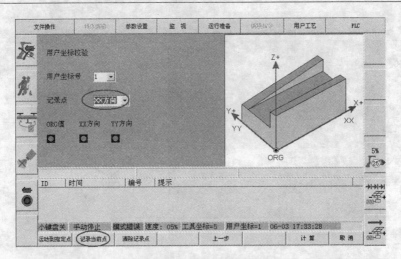

图 8-41　确定 X 边

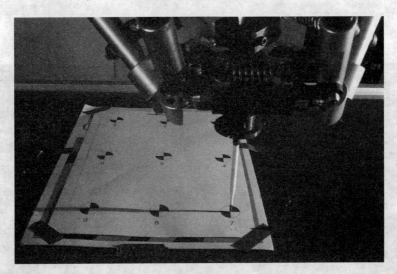

图 8-42　记录用户坐标的 XX 方向

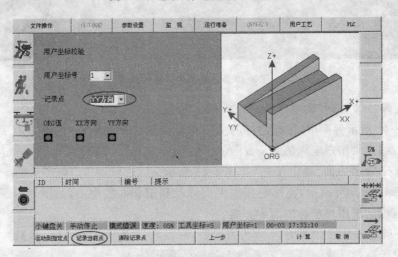

图 8-43　确定 Y 边

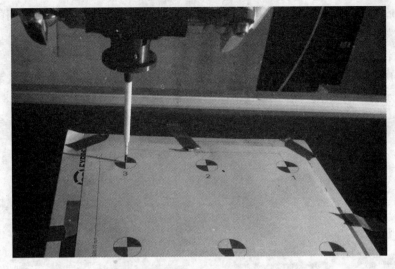

图 8-44 记录用户坐标的 YY 方向

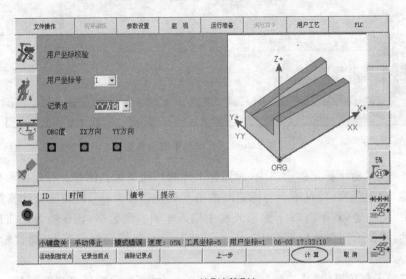

图 8-45 按【计算】键

(8) 用户坐标系计算完成后,点击【取消】键,退回到用户坐标上一级界面。再点击退出,则返回视觉设置界面。

用户坐标系验证:用户坐标系统计算完成后,可切换到用户坐标系 下验证是否为想要的用户坐标方向。即从图标 1 的中心走用户坐标的 X 方向,会向图标 7 移动,并穿过图标 7 的中心;从图标 1 的中心走用户坐标的 Y 方向,会向图标 3 移动,并穿过图标 3 的中心。

注意:如果用户坐标系建立不正确或者不准确会造成视觉定位有偏差,从而有可能发生设备故障或事故。

8.4.5 检验视觉引导精度

校验视觉引导精度,指通过视觉系统拍照功能获得某个参考点的坐标数据传送到系统后,然后系统试运行到该数据点。检验机器人运行到的位置与实际参考点之间的误差,该误差值越小越好。

具体操作步骤如下:

(1)在视觉第三级界面,点击【触发】键,此时"与相机通讯连接"后的红灯变为绿灯,信息提示区中显示得到的数据。然后点击【下一步】按钮,进入视觉第四级界面,如图8-46所示。

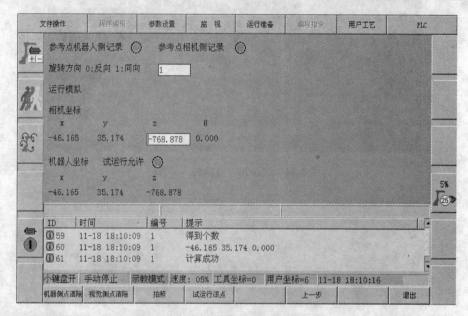

图8-46 进入视觉第四级界面

(2)将图8-6所示标定图形二中,除图标1外的其他图标遮挡住。标定图形放置到视场中任意位置,角度任意(建议不要与标定时的角度相差超过±45°,以免视觉计算超时)。

(3)在"相机坐标"下面,z下面输入框中输入z轴高度数据,该z轴为之前建立用户坐标系的z轴,零位为用户坐标系ORG点,为防止标定杆碰撞到标定图形,建议输入3~5的距离。

(4)点击子菜单键中的【拍照】键,此时"试运行允许"后面的红灯变为绿灯。同时"相机坐标"和"机器人坐标"下的x、y、z、θ数值会相应变化。

(5)带跟踪功能的视觉系统直接往下操作,不带跟踪功能的视觉系统跳转到步骤(7)。

(6)启动传输带,将标定图形二移动到机器人工作区域内。点击子菜单【数据刷新】,此时信息提示区中显示数据刷新成功。

(7)按住安全开关,按住子菜单【试运行到该点】,此时机器人就往图标1中心位置移动。一直按住安全开关和【试运行到该点】,直到标定杆停止,信息提示区提示:"已经试运行到该点",然后松开安全开关和【试运行到该点】。

(8)重复(1)~(7)的步骤,将标定图形二中,除图标3外的其他点遮挡,拍照后点击【试运行该点】按钮,将标定杆移动到图标3中心。

(9)重复(1)~(7)的步骤,将标定图形二中,除图标7外的其他点遮挡,拍照后点击【试运行该点】按钮,将标定杆移动到图标7中心。

(10)每次试运行后标定杆与图标中心的距离要求尽可能小,距离越小说明精度越高;

距离越大,说明精度越差。如果精度太差,则机器人在后续的工作中将无法正常工作,发生故障。

视觉引导精度太差主要由下面几个方面造成:

(1) 机器人定位精度太差,或机器人零位不对。可以通过移动到标定图形二中的1、3、7点,分别记录机器人大地坐标的x、y、z值。然后计算机器人从1到3、1到7点的距离,检测机器人走过的距离和实际距离差距多大。如果误差太大,请调整机械和重新标定机器人零位。

(2) 相机安装不正确。物体放入视场任何位置,识别的大小是一致的。如果不一致,请检查相机是否与视场不垂直,视场表面是否平整,标定图形是否平整。

(3) 物体放入视场,同一位置相机识别的位置数据不能波动太大,太大可能是相机抖动造成,需要调整。

(4) 标定的时候,记录用户坐标1、3、7点的时候越准确,精度越高。

(5) 像素和距离比不精确(建议保留到小数点后4~5位),可适当改大或改小该数据,让机器人能准确走到1、3、7三点。

(6) 相机本身调整不到位,焦距不准,识别物体模糊,请调整焦距。

(7) 曝光度不适当,曝光度太高,画面太白,细节丢失太多;曝光度太低,画面太暗,识别困难。请调整合适的曝光度。

(8) 相机本身精度不高,请更换相机。

8.5 实物标定

换上实际工作的手抓,放置实际物体,修改视觉模型及Z值,调整旋转方向,让手抓能准确抓取物体。

具体操作步骤如下:

(1) 图8-6所示标定图形二标定结束后,换上实际工作的手抓。

(2) 将实际工作物体放置到视场中,设置视觉场景,以便视觉系统能准确识别物体的坐标数据和角度值。

(3) 进入视觉第四级界面,点击【视觉侧点记录】,记录工作物体在视场中的摆放姿态,此时界面中"参考点相机侧记录"后面的红灯变为绿灯,如图8-47所示。

(4) 移动手抓靠近实际工件,调整手抓角度以便手抓能准确抓取物体。

(5) 点击【机器侧点记录】,记录机器人抓取时的姿态,此时界面中"参考点机器人侧记录"后面的红灯变为绿灯。

(6) 设置相机坐标下方的z值(z轴为建立用户坐标时的z轴),这个z值就是程序运行时的高度值。根据用户坐标z轴的方向,将z值设定为一个在工件上方的数值。如:z轴方向向上,则该数值设置为正值;z轴方向向下,则设置为负值。在后续试运行到该点的过程中,慢慢将z值调整到一个准确数值。如果发现程序运行后,手抓比工件高了或低了,可以调整这个数值,以便手抓能准确抓取工件。

(7) 在视场中将工件偏移一个角度,然后拍照,再试运行到该点。如果发现手抓的旋转方向与工件的方向不一致,则修改"旋转方向"的参数值,原来是0修改为1,原来是1修改为0。

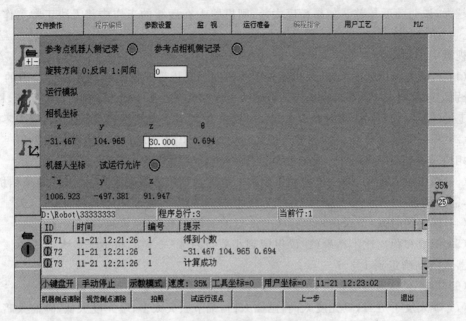

图 8-47 视觉侧点记录

（8）再次将工件偏移一个角度，再拍照，试运行到该点，检测旋转方向是否已经对应。

8.6 程序编辑

8.6.1 指令说明

视觉指令说明见表 8-3。

表 8-3 视觉指令说明

指 令	定 义
RUNVISON	运行视觉系统，和视觉系统建立连接，打开视觉系统后台接受
GETVISONDATA	从视觉缓冲区取出视觉数据放在 GP52 和 GP53 中。视觉缓冲区个数，可通过 GI50 判断
CLEARVISONDATA	清除视觉缓冲区数据
TRIGGERVISON	触发视觉系统对应场景工作
TRACKSTART	跟踪开始，跟踪缓冲区数据跟随传输带编码器值刷新
TRACKEND	跟踪结束，跟踪缓冲区数据停止刷新
GETTRACKDATA	将跟踪缓冲区数据放到 GP50 和 GP51 中

8.6.2 变量说明

视觉变量说明见表 8-4。

表 8-4 视觉变量说明

变量	定 义	备 注
GP50	跟踪工艺中,当前物体的机器人位置	数值相同
GP51	跟踪工艺中,当前物体的机器人位置	
GP52	视觉工艺中,当前物体的机器人位置	数值相同
GP53	视觉工艺中,当前物体的机器人位置	
GI52	跟踪缓冲区数据个数	
GI51	视觉标志 1	
GI50	视觉缓冲区数据个数	
GI53	视觉标志 2	

8.6.3 程序举例

不跟踪定点识别程序说明见表 8-5。跟踪抓取程序说明见表 8-6。双斜抓抓取工件程序说明见表 8-7。

表 8-5 不跟踪定点识别程序说明

RUNVISON#(0)	运行视觉 0 号工艺
*1	跳转标志
TRIGGERVISON#(0)	触发一次,如果采用定时触发,可以取消,只判断缓冲区是否有数据
TIME 200	延时 200 ms
JUMP *1 IF GI50<=0.000	假如视觉缓冲区没有数据,跳转再次触发
GETVISONDATA#(0)	得到的视觉缓冲区的数据放在 GP52、GP53 中
ADD GP#53(3) 5.000	GP53 的 Z 方向上提 5 mm,防止撞到工件
MOVL VL=200MM/S GP#53 PL=0	运行到 GP53
MOVL VL=200MM/S GP#52 PL=0	运行到 GP52
DOUT Y#(0)=ON	抓取
WAIT X#(0)==ON T=0	等待抓取到位
MOVL VL=200MM/S GP#53 PL=0	运行到 GP53
……	
……	放物体
……	

表 8-6 跟踪抓取程序说明

程序	说明
RUNVISON#(0)	运行视觉 0 号工艺
*1	跳转标志
TRIGGERVISON#(0)	触发一次,如果采用定时触发,可以取消,只判断缓冲区是否有数据
TIME T=200	延时 200 ms
JUMP *1 IF GI52<=0.000	假如跟踪缓冲区没有数据,跳转再次触发
GETTRACKDATA#(×)	如果选择了跟踪,视觉转换的数据就放在跟踪缓冲区,而不是视觉缓冲区,就需要从跟踪缓冲区中得到数据。得到的跟踪缓冲区的数据,放在 GP50、GP51 中。(×)后面的号码是跟踪号,必须和视觉工艺里面的那个跟踪文件号码对应
TRACKSTART#(×)	跟踪开始
ADD GP#51(3) 5.00	GP51 的 Z 方向上提 5 mm,防止撞到工件
MOVL VL=200MM/S GP#51 PL=0	运行到 GP51
MOVL VL=200MM/S GP#50 PL=0	运行到 GP50
DOUT Y#(0)=ON	抓取
WAIT X#(0)==ON T=0	等待抓取到位
MOVL VL=200MM/S GP#51 PL=0	运行到 GP51
TRACKEND#(×)	跟踪结束
……	
……	放物体
……	

表 8-7 双斜抓抓取工件程序说明

说明:一个手抓需要一个视觉号和一个工具坐标系,共需要建立两个视觉文件号和两个工具坐标系。其中,手抓 1 工作在视觉 0 和工具坐标系 1 下,手抓 2 工作在视觉 1 和工具坐标系 2 下。

程序	说明
MOVL VL=300MM/S PL=0	移动到安全位置
RUNVISON#(0)	运行视觉 0
*1	跳转标志 *1
TRIGGERVISON#(0)	触发一次视觉 0,如果采用定时触发,可以取消,只判断缓冲区是否有数据
TIME T=500	延时 500 ms
JUMP *1 IF GI#(50)<=0.000	假如视觉缓冲区没有数据,跳转再次触发
CHANGETOOL#(1)	切换到工具坐标 1
GETVISONDATA#(0)	得到的视觉缓冲区的数据放在 GP52、GP53 中

续表 8-7

ADD GP#52(3) 5.000	GP52 的 Z 方向上提 5 mm，防止撞到工件
MOVL VL=200MM/S GP#52PL=0TOOL=1	工具坐标 1 下，运行到 GP52
MOVL VL=200MM/S GP#53PL=0TOOL=1	工具坐标 1 下，运行到 GP53
DOUT Y#(0)=ON	抓取物体
WAIT X#(0)==ON	等待抓取到位
MOVL VL=200MM/S GP#52PL=0 TOOL=1	工具坐标 1 下，运行到 GP52
CHANGETOOL#(0)	切换到工具坐标 0
MOVL VL=300MM/S PL=0	移动到安全位置
……	
……	放物体
……	
RUNVISON#(1)	运行视觉 1
*2	跳转标志*2
TRIGGERVISON#(1)	触发一次视觉 1，如果采用定时触发，可以取消，只判断缓冲区是否有数据
TIME T=500	延时 500 ms
JUMP *2 IF GI#(50)<=0.000	假如视觉缓冲区没有数据，跳转再次触发
CHANGETOOL#(2)	切换到工具坐标 2
GETVISONDATA#(1)	得到的视觉缓冲区的数据放在 GP52、GP53 中
ADD GP#52(3) 5.000	GP52 的 Z 方向上提 5 mm，防止撞到工件
MOVL VL=200MM/S GP#52PL=0TOOL=2	工具坐标 2 下，运行到 GP52
MOVL VL=200MM/S GP#53PL=0TOOL=2	工具坐标 2 下，运行到 GP53
DOUT Y#(0)=ON	抓取物体
WAIT X#(0)==ON	等待抓取到位
MOVL VL=200MM/S GP#52PL=0TOOL=2	工具坐标 2 下，运行到 GP52
CHANGETOOL#(0)	切换到工具坐标 0
MOVL VL=300MM/S PL=0	移动到安全位置
……	
……	放物体
……	

参 考 文 献

[1] 叶晖.工业机器人典型应用案例精析[M].北京:机械工业出版社,2014.
[2] 何成平,董诗绘.工业机器人操作与编程技术[M].北京:机械工业出版社,2016.
[3] 余任冲.工业机器人应用案例入门[M].北京:电子工业出版社,2015.
[4] 万三国,晏小庆.工业机器人技术及应用[M].北京:中国轻工业出版社,2016.
[5] 汪励,陈小艳.工业机器人工作站系统集成[M].北京:机械工业出版社,2014.
[6] 南大机器人官方网站,http://www.lzt.ac.cn.